【现代种植业实用技术系列】

甘薯
优质高效栽培技术

主　　编　夏家平

副 主 编　刘新亮　程　鹏

编写人员　陈　卫　邢凤武　赵永利　费广凡

朱玉灵　韩　杨　王秀梅　蒋晓璐

于欣茹　张　书　张晓慧

时代出版传媒股份有限公司

安徽科学技术出版社

图书在版编目(CIP)数据

甘薯优质高效栽培技术 / 夏家平主编.--合肥:安徽
科学技术出版社,2022.12
助力乡村振兴出版计划.现代种植业实用技术系列
ISBN 978-7-5337-7524-7

Ⅰ.①甘… Ⅱ.①夏… Ⅲ.①甘薯-高产栽培-栽培
技术 Ⅳ.①S531

中国版本图书馆 CIP 数据核字(2022)第 212026 号

甘薯优质高效栽培技术 主编 夏家平

出 版 人:丁凌云　选题策划:丁凌云　蒋贤骏　王筱文　责任编辑:李　春
责任校对:沙　莹　责任印制:梁东兵　　　　　　　　　　装帧设计:王　艳
出版发行:安徽科学技术出版社　　　　　http://www.ahstp.net
(合肥市政务文化新区翡翠路 1118 号出版传媒广场,邮编:230071)
电话:(0551)63533330
印　　　制:安徽联众印刷有限公司　　电话:(0551)65661327
(如发现印装质量问题,影响阅读,请与印刷厂商联系调换)

开本:720×1010　1/16　　　印张:8.75　　　字数:112 千
版次:2022 年 12 月第 1 版　　　印次:2022 年 12 月第 1 次印刷

ISBN 978-7-5337-7524-7　　　　　　　　　　定价:39.00 元

出版说明

　　"助力乡村振兴出版计划"（以下简称"本计划"）以习近平新时代中国特色社会主义思想为指导，是在全国脱贫攻坚目标任务完成并向全面推进乡村振兴转进的重要历史时刻，由中共安徽省委宣传部主持实施的一项重点出版项目。

　　本计划以服务乡村振兴事业为出版定位，围绕乡村产业振兴、人才振兴、文化振兴、生态振兴和组织振兴展开，由《现代种植业实用技术》《现代养殖业实用技术》《新型农民职业技能提升》《现代农业科技与管理》《现代乡村社会治理》五个子系列组成，主要内容涵盖特色养殖业和疾病防控技术、特色种植业及病虫害绿色防控技术、集体经济发展、休闲农业和乡村旅游融合发展、新型农业经营主体培育、农村环境生态化治理、农村基层党建等。选题组织力求满足乡村振兴实务需求，编写内容努力做到通俗易懂。

　　本计划的呈现形式是以图书为主的融媒体出版物。图书的主要读者对象是新型农民、县乡村基层干部、"三农"工作者。为扩大传播面、提高传播效率，与图书出版同步，配套制作了部分精品音视频，在每册图书封底放置二维码，供扫码使用，以适应广大农民朋友的移动阅读需求。

　　本计划的编写和出版，代表了当前农业科研成果转化和普及的新进展，凝聚了乡村社会治理研究者和实务者的集体智慧，在此谨向有关单位和个人致以衷心的感谢！

　　虽然我们始终秉持高水平策划、高质量编写的精品出版理念，但因水平所限仍会有诸多不足和错漏之处，敬请广大读者提出宝贵意见和建议，以便修订再版时改正。

本册编写说明

我国是甘薯生产大国，甘薯种植面积和总产量均居世界第一位。甘薯是重要的粮食作物，兼具经济作物的优点，是保障国家粮食安全的作物，也是满足人们营养健康需求的保健食品。甘薯自明万历年间传入我国以来，已有400多年的种植历史。甘薯因其适应性强，产量高，营养丰富，耐旱耐贫瘠，在我国各省、自治区、直辖市广泛种植。甘薯曾作为主要口粮，在特殊时期养活了一代人，做出了重要贡献，甘薯产业是当下很多地区实现乡村振兴、农民增收的特色产业。

随着人们生活水平的不断提高和营养保健意识的不断增强，甘薯的需求不断增加，产业发展呈上升趋势。但甘薯生产面临的品种老化单一，种薯种苗质量参差不齐，先进种植技术掌握不全面，生产机械化水平低等问题，严重制约了甘薯产业的健康快速发展。

本书围绕当前甘薯生产面临的关键问题，从甘薯生产实际出发，系统总结了甘薯优质高效栽培技术。全书共分五个章节，分别介绍了甘薯生产概况、优质专用型甘薯新品种、健康种（薯）种苗繁育技术、甘薯高产高效栽培技术、甘薯主要病虫害防治技术等，从产业分布到优势区划分，从优良品种选择到健康种（薯）苗繁育，从水肥精细管理到病虫害综合防控，从机械化生产到科学储藏，系统介绍了甘薯生产全环节的相关知识。内容丰富，语言简练，技术实用，可操作性强，可作为从事甘薯生产的农户、农业技术人员和农业管理人员参考的科普书、工具书。

本书是编委会集体智慧的结晶。本书的编写过程中，参考和引用了相关资料，在此谨向作者表示感谢！

目　录

第一章	甘薯生产概况

第一节　甘薯的概况与分布

一　甘薯的概况

1.甘薯的植物学特性

甘薯,又称为红薯、红芋、白芋、山芋、地瓜等,在湖北等地称为红苕,广东等地又称番薯,是旋花科、甘薯属、甘薯组一年或多年生双子叶草本植物。甘薯茎蔓多匍匐于地面,具有块根,短日照条件下可诱导开花,花朵雌雄同株,自交不亲和,营养体繁殖,性喜温,不耐寒,较耐旱。

2.甘薯的用途

甘薯块根和茎叶皆可食用,兼具经济作物和饲料的功能,可作粮食、工业原料、蔬菜、观赏植物和饲料等。

甘薯是重要的粮食作物,尤其是 20 世纪 60—70 年代,甘薯曾作为主要粮食作物,充当着淮河流域老百姓半年的口粮,是灾荒年份、粮食紧缺时期的救命粮。甘薯鲜食的食用方式主要有蒸煮和烘烤。受鲜薯储藏条件和储藏技术的限制,也有在甘薯收获季节将甘薯切片晒干储藏后食用的情况。直到现在,仍有一些地方保留用甘薯干煮稀饭的习惯。

甘薯除直接鲜食外,很大一部分用于加工。其中,第一大加工品就是

淀粉。淀粉是甘薯的主要成分,占甘薯干重的 50%~80%。我国甘薯产业中,淀粉型甘薯品种占比 50%以上。甘薯淀粉是重要的工业原料,在食品行业,主要用于加工粉丝、粉条、粉皮等,部分甘薯淀粉用在食品和餐饮中作为增稠剂。在生物医药领域,甘薯淀粉还可作为药品的赋形剂。在化工领域,甘薯淀粉可以用来制作交联酯化甘薯淀粉等变性淀粉,以及制作酒精、柠檬酸等。

此外,一些加工品质优良的甘薯被用于食品初、深加工:甘薯休闲食品,如冰烤薯、低糖薯脯(地瓜干)、甘薯脆片、复合薯片、复合薯条等;甘薯粉,如甘薯全粉、甘薯复合粉等;甘薯饮品,如甘薯蒸馏酒、甘薯果酒、甘薯果醋、甘薯汁饮料等;甘薯功能性食品,如花青素、茎叶多酚、茎叶青汁粉、膳食纤维咀嚼片等。此外,速冻甘薯因其低脂、富含纤维素、营养均衡、食用方便等特点,走俏日、韩市场,是我国出口的特殊速冻蔬菜产品之一。

甘薯茎叶产量高,富含蛋白质、多酚、黄酮、维生素、膳食纤维和矿物质等功能成分,具有抗菌消炎、抗癌、降血糖、降血压等功效,有"蔬菜皇后"的美誉,是世界卫生组织推荐的最佳蔬菜。随着人们生活水平的不断提高和保健意识的逐渐增强,甘薯茎叶越来越受到人们的重视。茎叶用甘薯在长江中下游地区和华南地区广泛种植,可作为特色叶菜填补夏季炎热时期叶菜缺少的空白,是少数能抵抗台风侵袭的叶菜之一。

甘薯耐热、耐旱、耐贫瘠,适应性强,夏季生长速度快,部分地上部植株颜色亮丽的甘薯品种,可用作道路和园林绿化观赏植物。通过人工盆栽打造的"空中甘薯"也在不少地方成为特色风景线。

此外,甘薯渣富含淀粉和膳食纤维,经二次处理后蛋白质含量显著提高,在饲料中替换一定比例的基础饲料,可以改善饲料的适口性,降低成本,有作为优质饲料资源的潜力。

甘薯高产稳产,适应性强,种植范围广,经济效益较高,是现代农业产业结构调整和乡村产业发展的优势作物。

二 甘薯的分布

1.甘薯的起源与传播

甘薯的地理起源一直是研究人员关注的问题。众多的考古学证据、语言年代学、植物学以及分子标记等研究认为:大约在公元前5 000年,甘薯栽培种植开始出现在南美洲的秘鲁、厄瓜多尔和墨西哥一带,后随航海活动和人口迁徙在世界各地广泛传播。

甘薯于16世纪末(明朝万历年间)传入我国,但其具体时间和路径一直没有统一说法。根据我国古籍记载,甘薯传入我国主要有陆路和海路两种途径。陆路主要由印度、缅甸、越南传入我国云南地区。海路主要由吕宋(今菲律宾)、安南(今越南)传入我国东南沿海的广东和福建。综合各种史料记载,甘薯传入我国迄今已有400多年的种植历史,传入地点可能不止一处,其中广东和福建等地种植历史最早,而后向长江流域、淮河流域、黄河流域和台湾地区传播。

2.甘薯的分布

甘薯是喜温作物,广泛栽培于热带、亚热带和温带南部地区,从赤道到北纬45度,均能种植。甘薯在全世界120多个国家和地区均有种植,其中,亚洲和非洲种植面积最大,美洲和大洋洲次之,欧洲最小。

我国是世界甘薯生产大国,甘薯种植面积和总产量均居世界第一。据世界粮农组织统计数据显示,2020年我国甘薯种植面积为2.25×10^6公顷,占全世界甘薯种植总面积的30.4%,远超其他国家。我国幅员辽阔,地形和生态条件多样。甘薯因适应性强,产量高,在我国各省(市)几乎均有种植。南至海南岛,东北至黑龙江,西北至新疆,西南到藏南和云贵地区

均有甘薯种植。受降水、干旱、盐碱等自然条件限制,我国甘薯的主要产区分布在黄淮海流域、长江流域、四川盆地及东南沿海地区,西北地区甘薯种植面积占比相对较低。

新中国成立以来,我国甘薯种植面积在短期迅速增长到顶点后,逐渐下降。从 1950 年到 1962 年的十余年时间,我国甘薯种植面积从 5.811×10^6 公顷迅速增加到 1.089×10^7 公顷,是我国甘薯种植面积的最高纪录。随后,甘薯种植面积开始下降。20 世纪 60—70 年代我国甘薯种植面积维持在 $8 \times 10^6 \sim 9 \times 10^6$ 公顷,进入 20 世纪 80 年代以后,我国甘薯种植面积逐渐下降。甘薯种植面积下降的主要原因是国民经济的发展,尤其是小麦、水稻等粮食作物产量的大幅提高,百姓饮食结构发生改变,甘薯由曾经的主食转变成调剂口味的粗粮副食。此外,饲料甘薯也逐渐被饲料玉米替代,甘薯的需求量大幅减少。虽然我国甘薯种植面积大幅下降,但是单位面积甘薯产量却显著提高,这主要得益于甘薯优良品种的不断更新换代、栽培技术的不断改进提高以及农业生产条件的持续大幅改善。

▶ 第二节　甘薯的种植区域划分

我国不同的自然条件、生态条件和耕作制度形成了各有特点的不同甘薯种植区。甘薯种植区域划分主要有生态种植区域划分、传统种植区域划分和优势种植区域划分。本书重点介绍传统种植区域划分和优势种植区域划分,供甘薯生产和科研需要参考。

一 传统种植区域划分

1.北方薯区

该区域主要包括淮河以北地区,涵盖辽宁、吉林、北京、天津、河北、山东、山西、陕西、河南,以及江苏、安徽、河南三省淮河以北区域。本区是季风性气候,全年无霜期为 120~250 天,年平均气温 8~15 ℃,年降雨量在 450~1 000 毫米,降雨主要集中在 6—8 月份,土壤主要为棕壤土、潮土和褐土。土质疏松,土壤耕性好,适宜机械化、规模化操作。甘薯分春薯和夏薯种植,以一年一熟的春薯为主。甘薯主要用于淀粉加工和鲜食,产业集中度较高。该区域甘薯种植面积占全国甘薯种植面积的 30%左右。本薯区的主要病虫害有病毒病、茎线虫病、根腐病和黑斑病等,大田生长中后期易受斜纹叶蛾、甘薯麦蛾等虫害危害。

2.长江流域薯区

该区域包括除青海省以外的整个长江流域,包括贵州省大部分地区,四川盆地(川西北高原除外),云南、湖南、江西三省的北部,陕西南部,河南、安徽、江苏三省淮河以南地区,湖北,浙江等地。本区域是季风副热带北部的湿润气候,全年无霜期为 225~310 天,年平均气温 13~19 ℃,年降雨量在 780~1 800 毫米,东部春夏季降雨集中,西部夏秋季降雨集中。甘薯主要种植在黄壤和红壤的丘陵地,土壤耕层较浅,有机质含量较低,机械化程度较低。主要为麦、薯两熟制,夏薯种植为主。该区域甘薯种植面积占全国甘薯种植面积的 50%以上,是我国最重要的甘薯产区。本薯区的主要病害为黑斑病、茎腐病、基腐病,部分地区偶发甘薯蚁象。

3.南方薯区

该区域涵盖江西、湖南、福建、贵州四省南部,云南中部和南部,广东、广西、海南、台湾地区。本薯区属于季风热带湿润气候,全年无霜期为

290~365 天,年平均气温 18~25 ℃,年降雨量在 960~2 690 毫米,甘薯种植土壤主要为赤红壤、红壤和黄壤。本薯区甘薯适宜生育期较长,甘薯栽培制度比较复杂,南部地区四季均可种植甘薯,一年两熟制或三熟制。本薯区甘薯种植面积占全国甘薯种植面积的 20%左右。甘薯用途主要以鲜食为主、薯干等加工为辅。本薯区的主要病虫害为蔓割病、薯瘟病、甘薯蚁象等。

二 优势种植区域划分

甘薯优势种植区是应甘薯产业发展需要和群众消费需求,在全国农技推广中心的协调下,在充分调研分析的基础上形成的,共分为 4 个优势种植区。

1.北方淀粉型和鲜食型甘薯优势区

本优势区范围同北方薯区。淀粉型甘薯主要集中在山东丘陵地区和淮河以北的平原旱作区,产业集中度高。鲜食型甘薯种植区一般在大型城市四周,如北京、上海,或处在交通要道周边,区位优势明显。本优势区重点培育和推广多抗优质淀粉加工型品种、早中晚熟鲜食型品种,增强耐储藏能力,延长鲜薯供应周期,实现规模化、机械化种植。

2.西南加工型和鲜食型甘薯优势区

本区域涵盖云南、贵州、四川、重庆四省(直辖市),是传统的甘薯产区,区域适合甘薯种植的土地资源丰富,增加甘薯种植面积的潜力巨大。生产上专用品种应用较少,田间管理水平较低,规模化、机械化程度低。本区域重点发展加工专用型和优质高效的鲜食型甘薯,优化强化甘薯产业链条,推广高效种植模式,稳定甘薯种植面积,提高甘薯周年供应能力。

3.长江中下游食品加工型和鲜食型甘薯优势区

本区域主要包括湖北、湖南、江西、浙江,以及安徽和江苏两省的南部地区。该区域经济活跃度高,大城市较多,鲜食型和菜用型甘薯需求量增加,甘薯新型健康休闲食品的品类和需求增加迅速,但淀粉型甘薯及加工品仍占主要地位。本区域以培育优质高产的特色品种为基础,通过适度规模化生产,满足加工业原料需求的稳定供应。重点发展优质鲜食和食品加工用甘薯,注重传统淀粉加工业的环保升级和产业升级,实现绿色生产,提高附加值。

4.南方鲜食型和食品加工型甘薯优势区

本优势区范围同南方薯区。区域内产业发展水平差异大,鲜食及加工产品外销比例较大,形成了以鲜薯为主、加工为辅的主导产业模式。本区域重点选育优质高产鲜食型甘薯,通过健康种苗繁育体系和病虫害绿色防控体系的建立和完善,提高优质甘薯周年供应能力。充分发挥本区域的地理和气候条件优势,打造有影响力的大品牌,提高鲜食型甘薯及加工品的出口规模。

第二章 优质专用型甘薯新品种

▶ 第一节 甘薯的主要类型与分类标准

甘薯的分类有多种不同分类方法,常用的分类方法有植物学分类、生态型分类、育种方法分类、来源分类、生产用途分类等。在农业科研和生产中,不同的分类方法可将同一品种分成不同的类型。研究甘薯的不同特征特性并将其科学分类,可以更好地服务于甘薯科研和生产工作,为科研和生产提供优良的品种和资源。本书主要讨论甘薯来源分类和生产用途分类两种分类方法。

一 来源分类

1.地方品种(农家种)

我国疆土辽阔,地形多样,生态条件复杂,耕作制度多样,农作物在漫长的生产过程中,经自然选择或者人工选择,产生了适应一定地区气候条件的不同于原种的类型——地方品种,又称农家种。甘薯自明朝末期传入我国,在我国各地广泛种植,在其400多年的种植过程中,产生了一些优良的地方品种。这些甘薯地方品种通常具有很强的地方适应性,有的品质突出,有的抗病、抗逆、抗虫,在甘薯品种创新中发挥了重要作用。曾经在我国广泛种植的甘薯品种如胜利百号就含有地方品种潮州薯的基因,徐薯18就含有地方品种安徽夹沟大紫的基因。

2.育成品种

育成品种是科研人员根据当前和未来甘薯生产需求,制定育种目标,通过品种间(或种间)杂交、诱变等人为技术手段进行选育和改良而成的品种。这类人工选育的甘薯品种,通常综合性状良好,适应性强,能在生产上较大面积推广。根据世代渐进的理论,科研人员同时将育成品种当作亲本,开展杂交、回交,提高遗传改良的进度。如育成品种徐薯18、广薯87、南薯88等,既是优良的育成品种,又是很好的育种亲本。目前,甘薯育种主要采用杂交育种技术,育成品种是数量最多的一种甘薯品种类型。随着诱变技术、体细胞杂交技术、基因编辑技术等技术的不断发展和在甘薯育种上的应用,甘薯育种效率将不断提高。

3.引进品种

这类品种主要是从国外引进的生产上应用的甘薯良种或育种家手中的高代育种材料。引进品种一般具有一个或多个突出的优良性状,如高产、优质、抗病、抗虫、抗逆等,且通常与国内品种亲缘关系较远,有的可以在我国直接应用于生产,也可作为良好的育种亲本。如日本的凌紫、胜利百号,美国的南瑞苔等。引进品种可以快速增加我国甘薯资源的种类和数量,丰富我国甘薯资源的遗传基础,引进品种的利用大大加速了我国甘薯的遗传改良进程。

4.野生种

甘薯野生种,主要指甘薯属的近缘野生种资源。甘薯的近缘野生种含有一些优良性状,如抗病、抗逆、耐储藏等,能为甘薯育种提供尚未利用的新的优异基因,同时有助于甘薯的起源和进化研究。常见的甘薯近缘野生种包含:二倍体近缘野生种,如 *I.triloba* 等;野生的四倍体,如 *I.gracilis* 等;以及由二倍体、三倍体、四倍体和六倍体组成的复合种 *I.trifida*。

5.遗传材料

主要指具有重要遗传基因的高代品系、中间材料等。

二 生产用途分类

1.淀粉加工型品种

这类甘薯品种主要以薯块中的淀粉为生产目标,通常薯块中的淀粉含量较高,薯肉色多为白色。此类品种对薯块食味和薯形等外观要求不高,主要追求淀粉产量和品质。一般鲜薯块根淀粉含量在20%以上,薯干淀粉含量在65%以上。甘薯是重要的淀粉原料作物,甘薯淀粉主要用于制作粉丝、粉条及淀粉加工衍生品和生产燃料乙醇等。淀粉加工型甘薯长期占据我国甘薯生产的主要位置,占比50%以上。这类品种一般具有高产稳产的特点,例如胜利百号、徐薯18都曾在我国大面积推广,目前商薯19、徐薯22、济薯25、渝薯27等淀粉加工型品种在我国广泛种植。

2.鲜食和食品加工型品种

这类品种以鲜薯直接食用,或通过加工将薯块制作成薯干、薯条、全粉等休闲食品或食品加工原料为主。品种类型多样,薯肉色丰富,有白色、黄色、橘红色、紫色等。黄色和橘红色甘薯薯块多富含 β 胡萝卜素,其薯块 β 胡萝卜素含量一般不高于10毫克/100克。紫肉甘薯薯块多富含花青素,其薯块花青素含量一般不高于40毫克/100克。研究表明:β 胡萝卜素和花青素具有抗氧化的作用。

鲜食品种对蒸煮、烘烤食味的要求最高,一般具有口感细腻无丝、香味浓、甜度高等特点,同时要求薯形匀称,皮色亮丽,无病斑虫眼和破损,商品性好。食品加工型甘薯对薯块食味品质和商品性的要求相对较低,生产上多以鲜薯分级销售后的次品薯用作加工原料。该类型甘薯品种的选择,需要根据加工产品来定,如加工薯干,需要考虑含糖量、淀粉转化效率等;加工薯片,需要考虑薯肉颜色、氧化酶活性等。

3.特用型品种

此类甘薯品种是人们生活水平不断提高、对甘薯需求不断提高而细化的新类型。特用型甘薯是应时代发展,满足人们消费新需求的新方向,具有极大的市场开发潜力。主要包括高花青素型、高胡萝卜素型、菜用型、药用型、观赏型等。

（1）高花青素型。此类品种的花青素含量较高,一般鲜薯花青素含量在 40 毫克/100 克以上,薯肉色呈深紫色或紫黑色,多用于提取花青素。用于紫薯全粉加工的高花青素紫薯品种,通常有较高的薯块干物率。研究表明,花青素具有明显的抗氧化、抗突变作用。高花青素型紫薯品种是良好的天然花青素来源,在食品加工、医药保健以及化妆品等领域发挥了重要作用。

（2）高胡萝卜素型。这类品种的胡萝卜素含量较高,一般鲜薯胡萝卜素含量在 10 毫克/100 克以上,薯肉色多为橘红色。其所含胡萝卜素以 β 胡萝卜素为主,是重要的天然色素来源。研究表明:β 胡萝卜素是维生素 A 的前体和重要来源,在保护视力、预防夜盲症方面具有重要作用。同时,β 胡萝卜素也是人体必需的微量元素之一,具有多种保健功能。推广和食用高胡萝卜素型甘薯,是预防群体维生素 A 缺乏症及儿童发育不良、视力障碍的重要手段。

（3）菜用型。此类品种主要是以甘薯藤蔓顶端 10~15 厘米的鲜嫩茎尖为食用目标的蔬菜用甘薯。将甘薯藤蔓作为蔬菜食用的习惯由来已久,但主要食用甘薯叶柄部分。随着甘薯茎叶营养成分的不断发掘,甘薯茎叶含有丰富的蛋白质、维生素、矿物质以及黄酮类营养物质。以食用茎尖为目标的菜用型甘薯逐渐受到重视,尤其在日本、韩国、中国香港等地备受欢迎,有着"蔬菜皇后"的美誉。此类品种一般茎尖无绒毛,炒熟或者烫

熟后口感良好,颜色鲜亮。

(4)药用型。该类型甘薯具有药用价值,其块根和茎叶中富含多种营养物质和功能成分(如矿物元素、维生素、多酚、黄酮、生物碱、绿原酸等),可以用于一些疾病的辅助治疗,或提取物在临床上对一些疾病具有特效。Lim 等学者认为甘薯是可以食用的药用植物。目前,明确具有药用价值的甘薯品种(资源)仅西蒙 1 号一个。

(5)观赏型。甘薯适应性强,植株表形丰富,叶形、叶色多样,茎蔓再生能力强。选用叶形优美、叶色亮丽的甘薯品种,结合园艺观赏专用的栽培管理措施,在城市绿化方面应用逐渐增多。

▶ 第二节 淀粉加工型甘薯品种

一 徐薯 18

1.品种简介

徐薯 18(系号 73-2518)是江苏徐州甘薯研究中心从新大紫和华北 52-45 的定向杂交后代系统选育而成的优良品种,可作淀粉加工原料,也可饲用和食用,于 1983 年经国家品种审定委员会认定。该品种的突出特点是高抗根腐病,是我国推广面积最大的高产高淀粉品种,曾获 1982 年国家发明一等奖。

2.特征特性

该品种萌芽性好,植株匍匐型,蔓长中等,顶叶和成年叶均为绿色,叶脉色、柄基色均为紫色,叶片复缺刻,缺刻程度浅,茎绿色带紫斑,茎粗中等,分枝数较多。薯块长纺锤形,薯皮紫红色,薯肉白色,结薯较整齐集中,单株结薯 5 个左右,薯块干物率 29%~32%,薯干淀粉含量 66.65%,可溶性糖含量 8.83%,粗蛋白含量 4.72%,粗纤维含量 3.12%,食味中等,耐储藏。高抗根腐病,不抗黑斑病和茎线虫病。

3.产量水平

该品种高产稳产,适应性强,在我国大面积推广种植。春薯产量一般 3 000~3 500 千克/亩,夏薯产量一般 2 000~2 500 千克/亩。

4.适宜种植区域及栽培要点

该品种适应性广,在山区、丘陵、平原均可作春、夏薯种植。不宜在茎线虫病和黑斑病重发地块种植。生产上注意施足基肥,高剪苗栽插,春薯每亩栽插 3 000~3 500 株,夏薯每亩栽插 3 500~4 000 株。

二 商薯 19

1.品种简介

商薯 19(系号 SL-19)是商丘市农林科学院从豫薯 7 号和 SL-01 的定向杂交后代系选育而成的优质高产淀粉型甘薯品种,于 2003 年通过国家甘薯品种鉴定委员会鉴定,编号:国品鉴甘薯 2003004。该品种高产、稳产,淀粉率高,是当前种植面积最大、种植范围最广的淀粉型甘薯品种。见图 2-1。

图 2-1　商薯 19

2.特征特性

该品种萌芽性好,植株匍匐型,顶叶褐色,成年叶绿色,叶片心形带齿,叶脉和茎均为绿色,脉基色为绿色。茎粗中等,分枝数 8 个,薯块纺锤形,薯皮红色,薯肉白色,单株结薯数 4 个,大中薯率高,结薯整齐较集中,薯块干物率 30%左右。高抗根腐病,抗茎线虫病,不抗黑斑病。

3.产量水平

该品种春薯每亩产 3 500 千克左右,薯干产量 1 000 千克/亩左右。商薯 19 多次获得国家甘薯产业技术体系高产竞赛淀粉组的冠、亚、季军。

4.适宜种植区域及栽培要点

该品种适应性强,可在北方薯区和全国多地作春、夏薯广泛种植。不宜在黑斑病重发地块种植。选用健康种苗,高剪苗栽插。施足底肥,辅施追肥。适宜高垄稀植,春薯每亩栽插 3 200 株,夏薯每亩栽插 3 500 株。

三 徐薯22

1.品种简介

徐薯 22 是江苏徐州甘薯研究中心从豫薯 7 号和苏薯 7 号的有性杂交后代系统选育而成的高淀粉型甘薯品种,于 2003 年通过江苏省农作物品种审定委员会审定,2005 年通过国家甘薯品种鉴定委员会鉴定,编号:国品鉴甘薯 2005007。2018 年通过农业农村部品种登记,编号:GPD 甘薯(2018)320061。该品种的突出特点是高产、多抗、适应性广。

2.特征特性

该品种萌芽性好,植株匍匐型,顶叶绿色带紫边,成年叶绿色,叶片复缺刻,缺刻程度中等,叶脉淡紫色,茎绿色,脉基色为紫色。茎粗,分枝数较多,薯块下膨纺锤形,薯皮红色,薯肉白色,单株结薯数 4 个左右,大中薯率高,薯块干物率 35%左右。中抗根腐病和茎线虫病,不抗黑斑病,综合抗病性表现一般。

3.产量水平

该品种在江苏省甘薯品种区试和国家长江中下游甘薯大区区域试验中,平均亩产鲜薯 2 323.0 千克,比对照南薯 88 增产 5.7%;亩产薯干 721.5 千克,比对照南薯 88 增产 13.8%。

4.适宜种植区域及栽培要点

该品种适应性强,可在北方薯区和长江流域薯区广泛种植。不宜在黑斑病重发地块种植。该品种出苗早,生长快,采苗量高。选用健康种薯种苗,高剪苗栽插,降低病害发生率。植株长势强。前期施足底肥,中后期注意控旺防虫。适宜高垄稀植,春薯每亩栽插 3 300 株,夏薯每亩栽插 3 500 株。采取综合措施,防治病害。

四 济薯 25

1.品种简介

济薯 25(系号济 06120)是山东省农业科学院作物研究所,以济01028 放任授粉,在其集团杂交后代系选育而成的淀粉型甘薯品种。于 2015 年 3 月通过山东省品种审定委员会审定,编号:鲁农审 2015037。2016 年通过国家甘薯品种鉴定委员会鉴定,编号:国品鉴甘薯 2016002。2018 年通过农业农村部品种登记,编号:GPD 甘薯(2018)370050。该品种干物率高,是难得的高产高淀粉型品种。见图 2-2。

2.特征特性

该品种萌芽性一般,植株匍匐型,顶叶及成年叶均为绿色,叶片心形,叶脉和茎均为绿色,脉基色为紫色。中长蔓、茎粗中等,分枝数 6 个,薯块纺锤形,薯皮红色,薯肉白色,单株结薯数 4 个,大中薯率高,薯块干物率最高可达 42.42%。高抗根腐病,抗黑斑病,易感茎线虫病。

图 2-2　济薯 25

3.产量水平

该品种于 2012—2013 年参加山东省甘薯品种区域试验,两年平均鲜薯块产 2 225.3 千克/亩,比对照徐薯 18 增产 13.21%;薯干产量 774.4 千克/亩,比对照徐薯 18 增产 32.54%。2014 年参加生产试验,亩产鲜薯 2 500.3 千克,比对照徐薯 18 增产 13.42%;亩产薯干 901.8 千克,比对照徐薯 18 增产 23.49%。近年来,济薯 25 多次获得国家甘薯产业技术体系组织的高产竞赛淀粉组冠军,薯干产量最高达 1 600 千克/亩。

4.适宜种植区域及栽培要点

该品种适应性强,可在丘陵薄地和平原旱地广泛种植。不宜在茎线虫病重发地块种植。选用健康种苗,高剪苗栽插。植株长势强,易旺长。施足底肥,注意减氮增钾。适宜高垄稀植,春薯每亩栽插 3 000 株,夏薯每亩栽插 3 300 株。

五 渝苏 303

1.品种简介

渝苏 303(系号 91-31-303)是西南大学与江苏省农业科学院合作,从

B58-5×苏薯 1 号组合杂交后代系统选育而成的淀粉型甘薯品种。该品种结薯早,薯块膨大快。于 1997 年通过四川省品种审定委员会审定,2001 年通过国家农作物品种审定委员会审定。

2.特征特性

该品种萌芽性好,植株匍匐型,顶叶绿色边缘带褐色,叶片心形,成年叶叶片绿色,叶脉紫色,叶柄基部紫色,茎蔓紫带绿色,茎粗中等,分枝数 5 个左右;薯块纺锤形,薯皮红色,薯肉浅黄色,单株结薯数 2~5 个,结薯较整齐集中,大中薯率高,耐储藏。薯块干物率 30%,淀粉率 19%。高抗茎线虫病,抗黑斑病和根腐病,综合抗病性突出。

3.产量水平

该品种于 1994—1995 年参加四川省区试, 两年区试平均鲜薯产量 1 884.2 千克/亩,比对照南薯 88 减产 2.3%,薯干产量 576.6 千克/亩,淀粉产量 362.1 千克/亩。1995 年参加四川省生产试验,薯块鲜产 1 526.8 千克/亩,比对照南薯 88 增产 8.4%;薯干产量 469.5 千克/亩, 比对照南薯 88 增产 16.2%;淀粉产量 295 千克/亩,比对照南薯 88 增产 34.8%。在 1996—1997 年国家大区试验中,鲜薯产量、薯干产量、淀粉产量分别比对照徐薯 18 增产 17.2%、19.5%、20.6%。

4.适宜种植区域及栽培要点

该品种适应性很强,在重庆、四川、江苏、江西、浙江、安徽、河北等多个省(市)累计推广 30 万公顷以上。大田生产采用温床育苗,促使早生快发。选用健康种苗,覆膜早栽,每亩栽 3 500~5 000 株。施肥上注意施足基肥,每亩施复合肥 40 千克。

六 阜薯24

1.品种简介

阜薯 24 是国家 863 项目(2003AA207140)成果之一,由阜阳市农业科学院 1996 年以日本品种红早生为母本,以皖薯 1 号为父本进行定向杂交选育而成的淀粉型甘薯品种。2005 年 3 月 25 日经国家甘薯品种鉴定委员会鉴定通过,编号:国鉴甘薯 2005003。2006 年获安徽省科技进步三等奖,阜阳市科技进步一等奖。

2.特征特性

该品种叶片心形带齿,成年叶和顶叶均为绿色,叶脉和叶基色为紫色,茎蔓绿色,节间长度中等,茎粗中等,分枝数 7.6 个。薯块纺锤形,薯皮紫色,薯肉白色,薯皮光滑,结薯整齐集中,耐储藏。单株结薯数 3.6 个,大中薯率 83.2%。经徐州甘薯中心取样测定:鲜薯蛋白质含量 1.54%,淀粉含量 15.5%。薯块干物率为 29.7%。经烟台市农业科学研究院和徐州甘薯研究中心抗病性鉴定,阜薯 24 高抗根腐病,中抗茎线虫病、黑斑病,综合抗病性突出。

3.产量水平

2002—2003 年参加国家北方薯区区域试验,两年平均鲜薯产量 1 735 千克/亩,较对照徐薯 18 增产 2.5%;薯干产量 476 千克/亩,较对照徐薯 18 增产 2.1%。2004 年生产试验鲜薯每亩产 1 680.8 千克,比对照徐薯 18 增产 4.24%;薯干每亩产 472.6 千克,比对照徐薯 18 增产 3.22%。

4.适宜种植区域及栽培要点

该品种适宜在安徽、河北等省大部分地区作春、夏薯栽培。培育壮苗,尽早栽插,确保全苗。春薯谷雨前后下地,夏薯夏至前栽插,每亩栽 3 000~3 500 株。施足基肥,少施氮肥,多施磷钾肥。封垄前中耕锄草,促苗早发。

夏季确保沟渠畅通,注意防涝。

七 皖苏31

1.品种简介

皖苏31(原系号H03-1)是以安徽省农业科学院作物研究所为主育成的优质高淀粉型甘薯新品种,2006年3月24日通过全国甘薯品种鉴定委员会鉴定,编号:国鉴甘薯2006003。该品种因薯块干物率和淀粉率高而突出,薯干洁白品质好,产量高,熟食味较好,抗逆、抗病性强,适应性广。皖苏31是生产优质淀粉、创汇速冻甘薯产品和燃料乙醇的专用原料品种。

2.特征特性

皖苏31萌芽性好,出苗整齐,采苗量多,大田长势稳健。顶叶和叶绿色,叶形深裂复缺刻,大小中等,叶脉紫色;茎绿色带紫斑,中长蔓,蔓长190厘米左右,分枝数8.1个,茎较粗;薯块纺锤形,薯皮红色,薯肉白色,结薯集中性一般,薯块中后期膨大快,单株结薯数4.1个,大中薯率较高,为82.5%,熟食味较好,薯干洁白品质好,抗旱耐渍性强,耐肥耐瘠,适应性广,耐储藏。经徐州甘薯中心和烟台市农业科学研究院两年抗病性鉴定均表现抗根腐病,中抗黑斑病。

3.产量水平

该品种是2001年从徐薯18×绵粉1号有性杂交后代中系统选育而成。2004—2005年参加国家甘薯北方大区区试,表现突出,提前进入大区生产试验。在国家北方大区区试中,薯干年均亩产581.93千克,比对照徐薯18增产11.43%;淀粉亩产390.81千克,比对照徐薯18增产16.85%;烘干率33.35%,淀粉率22.65%,均居第一位,比对照徐薯18分别高5.81个百分点和5.06个百分点。大区生产试验薯干年均亩产557.60千克,较徐

薯18增产 20.59%。

4.适宜种植区域及栽培要点

全国甘薯鉴定委员会建议皖苏 31 在安徽、河南、山东、河北、陕西等地作为春、夏薯种植推广,不宜在茎线虫病重发地块种植。大田种植选用健康壮苗,种植密度春薯 2 800~3 200 株/亩,夏薯 3 000~3 600 株/亩。以有机肥和复合肥作基肥为主,中后期视情况追施氮肥。

八 皖苏61

1.品种简介

该品种由安徽省农业科学院作物研究所和江苏省农业科学院粮食作物研究所合作,从宁 97-9-1×遗 306 定向杂交后代中系统选育而成的淀粉型品种。于 2009 年 3 月通过国家甘薯品种鉴定委员会鉴定,编号:国品鉴甘薯 2009006。

2.特征特性

该品种萌芽性一般,植株呈半直立型,大田长势稳健,中长蔓,茎粗,分枝数 7 个,叶片大,叶形复缺刻,缺刻程度中等,顶叶绿色,叶色深绿,叶脉紫色,茎色绿带紫。薯块纺锤形,薯皮红色,薯肉浅黄色,单株结薯数 4 个,大中薯率较高,薯块大小较整齐,结薯较集中。薯块干物率 26.46%。该品种的突出特点是叶片上冲,是典型的高光效株型。经国家区试统一抗病性鉴定,高抗薯瘟病,中抗根腐病和茎线虫病,易感黑斑病,综合抗病性评价一般。

3.产量水平

该品种于 2006—2007 年参加国家甘薯品种北方大区区域试验,两年平均鲜薯产量 2 161.7 千克/亩,较对照徐薯 18 增产 11.26%;薯干产量 572.0 千克/亩,比对照徐薯 18 增产 4.02%;淀粉产量 360.3 千克/亩,比对照徐薯 18 增产 1.53%;2008 年参加生产试验，鲜薯每亩产 2 470.1 千克，比对照徐薯 18 增产20.33%;薯干每亩产 663.2 千克,较对照徐薯 18 增产 9.86%;淀粉每亩产 419.9 千克,比对照徐薯 18 增产 6.40%。

4.适宜种植区域及栽培要点

该品种适合在安徽中北部、山东、河南、河北中南部种植。注意防治黑斑病。排种时用多菌灵浸种,高剪苗栽插。选用健康壮苗。春薯种植密度 3 200~3 400 株/亩,夏薯为 3 500~3 800 株/亩。不宜在茎线虫病重发地块种植。

九 皖苏178

1.品种简介

皖苏 178 是安徽省农业科学院作物研究所和江苏省农业科学院粮食作物研究所合作选育的优质高淀粉型甘薯新品种，该品种于 2013 年 3 月通过国家甘薯品种鉴定委员会鉴定,编号:国品鉴甘薯 2013002。该品种干物率和淀粉率高,薯干产量高,薯干洁白品质好。

2.特征特性

该品种萌芽性好、中短蔓,蔓长 160 厘米,茎蔓较粗,分枝数 7 个,叶片绿色,顶叶绿色,叶形缺刻,缺刻深度中等,叶脉紫色,茎蔓绿色。薯块纺锤形,表皮光滑呈淡红色,薯肉白色,结薯较集中,薯块较整齐,单株结薯 3 个左右,大中薯率高。薯干较洁白平整,蒸煮食味中等,干基淀粉率较高,耐储藏。经徐州甘薯中心和福建省农业科学院鉴定,该品种高抗蔓割病,感根腐病、茎线虫病和黑斑病。

3.产量水平

该品种于 2004 年从徐薯 22 和宁 99-9-5 的有性杂交后代中系选育而成。2010—2011 年参加国家区试,两年 19 个点次平均鲜薯产量

1 611.7 千克/亩,较对照徐薯 22 减产 18.96%;平均薯干产量 556.3 千克/亩,较对照徐薯 22 减产 0.94%,居第三位,减产未达显著水平;平均淀粉产量 381.4 千克/亩,较对照徐薯 22 增产 5.34%,居第二位,增产达极显著水平,在 19 个点次中 11 个点次增产。2012 年在阜阳、漯河和济宁 3 个试点进行国家甘薯品种北方区生产试验,平均鲜薯产量 1 853.9 千克/亩,比对照徐薯 22 减产 9.76%;平均薯干产量 690.2 千克/亩,比对照徐薯 22 增产 9.54%;平均淀粉产量 486.9 千克/亩,比对照徐薯 22 增产 15.69%。薯干和淀粉产量 3 个试点均比对照徐薯 22 增产。

4.薯块品质

根据国家区试结果:皖苏 178 平均烘干率 34.52%,比对照徐薯 22 高 6.28 个百分点;平均淀粉率 23.67%,比对照徐薯 22 高 5.47 个百分点。薯干洁白度 71.9,平整度 76.8,食味综合评价 70.1(对照徐薯 22,薯干洁白度 72.5,平整度 71.9,食味综合评价 70.0)。皖苏 178 淀粉、粗蛋白、还原糖、可溶性糖含量分别为:66.19、7.19、1.49、1.58(对照徐薯 22 分别为 62.44、7.30、1.50、2.97)。

5.适宜种植区域及栽培要点

全国甘薯鉴定委员会建议皖苏 178 在安徽北部、江苏北部、河北中南部、山西中南部适宜地区种植,不宜在根腐病、茎线虫病重发地块种植。采用薄膜覆盖育苗,用 50%多菌灵 800~1 000 倍水剂浸种后排种,防治黑斑病。采用垄作法栽培,应施足基肥,肥料以复合肥为佳。春薯每亩栽插 3 300~3 500 株,夏薯每亩栽插 3 500~4 000 株。

（十）皖薯 373

1.品种简介

皖薯 373 是安徽省农业科学院作物研究所和阜阳市农业科学院合作

选育的优质淀粉型甘薯新品种,该品种于 2015 年 3 月通过国家甘薯品种鉴定委员会鉴定,编号:国品鉴甘薯 2015005。该品种淀粉加工品质优良。见图 2-3。

图 2-3 皖薯 373

2.特征特性

皖薯 373 萌芽性好,地上部长势旺而稳健,中长蔓,蔓长 264 厘米,分枝数 6~7 个,茎蔓中等,叶片心形带齿,顶叶黄绿色带紫边,成年叶和叶脉均为绿色,茎蔓浅紫;薯块下膨纺锤形,红皮淡黄肉,结薯较集中,薯块较整齐,单株结薯数 3 个左右,大中薯率高。薯干较平整,食味一般,干基淀粉含量较高。经国家区域试验统一抗病性鉴定,中抗根腐病和黑斑病,感茎线虫病,中感蔓割病,耐储性较好。

3.产量水平

该品种于 2002 年从徐 781 集团杂交后代中系选育而成。2012—2013 年参加国家区试,两年平均鲜薯产量 2 205.9 千克/亩,较对照徐薯 22 增产 10.62%,增产达极显著水平,居第一位,在 20 个点次中有 14 个试点增产;薯干产量 635.2 千克/亩,较对照徐薯 22 增产 8.58%,增产达极显著水平,居第二位,在 20 个点次中有 12 个试点增产;淀粉产量 412.3 千克/亩,较对照徐薯 22 增产 7.91%,居第三位,增产达极显著水平,在 20 个点次中有 12 个试点增产。

2014 年在郑州、石家庄和烟台三 3 个试点进行国家甘薯品种北方区生产试验，平均鲜薯产量 2 224.0 千克/亩，比对照徐薯 22 增产 13.62%；平均薯干产量 651.4 千克/亩，比对照徐薯 22 增产 13.00%；平均淀粉产量 423.6 千克/亩，比对照徐薯 22 增产 13.52%。鲜薯、薯干和淀粉产量 3 个试点均比对照徐薯 22 增产。

4.薯块品质

根据国家区试结果：皖薯 373 平均烘干率 28.80%，比对照徐薯 22 低 0.53 个百分点；平均淀粉率 18.69%，比对照徐薯 22 低 0.47 个百分点。薯干洁白度 73.6，平整度 73.3，食味综合评价 68.7（对照徐薯 22 薯干洁白度 73.6，平整度 71.6，食味综合评价 70.0）。皖薯 373 淀粉、粗蛋白、还原糖、可溶性糖含量分别为：67.32、4.77、4.80、16.54（对照徐薯 22 分别为 67.01、5.51、2.98、15.71）。

5.适宜种植区域及栽培要点

全国甘薯鉴定委员会建议皖薯 373 在安徽、河北、陕西、山东（鲁西南除外）、河南中北部地区种植。注意防治茎线虫病，不宜在根腐病、蔓割病重发地块种植。育苗排种量每平方米 15 千克为宜。排种前用 500 倍多菌灵液浸泡种薯，高剪苗。大田夏薯种植密度 3 000~3 500 株/亩为宜。施足基肥，每亩施复合肥 40 千克。

十一 渝薯27

1.品种简介

该品种是西南大学从浙薯 13 和万薯 34 有性杂交后代中系统选育而成的优质淀粉型品种，于 2016 年通过重庆市农作物品种审定委员会鉴定，编号：渝品审鉴2016002。该品种的突出特点是淀粉含量高，目前已在西南薯区推广种植。见图 2-4。

图 2-4　渝薯 27

2.特征特性

渝薯 27 萌芽性较好,植株呈匍匐型,中长蔓,顶叶绿色带褐边,成年叶绿色,叶片心形带齿,叶脉浅紫色,脉基色紫色,柄基浅紫色,茎绿色,茎粗较粗,分枝数 5 个左右,薯块长纺锤形,薯皮红色,薯肉浅黄色,结薯整齐较集中,单株结薯 4 个左右,大中薯率较高,耐储藏性好,薯块干物率 38%左右。抗蔓割病和黑斑病。

3.产量水平

该品种 2014—2015 年参加重庆市甘薯新品种区域试验,两年平均鲜薯产量 2 230 千克/亩,比对照徐薯 22 增产 11.78%;淀粉产量 603.3 千克/亩,比对照徐薯 22 增产 42.38%。增产极显著。淀粉率 27.10%。

2020 年在黔东地区试种,渝薯 27 鲜薯产量 1 924.3 千克/亩,比对照商薯 19 减产 9.26%;薯干产量 636 千克/亩,比对照商薯 19 增产 11.02%;淀粉产量 430.5 千克/亩,较对照商薯 19 增产 18.50%。

4.适宜种植区域及栽培要点

该品种适宜在重庆等西南薯区种植,不宜在薯瘟病、根腐病重发地块种植。生产上建议温棚育苗,适时早栽。培育健康壮苗,每亩栽插 4 000 株,施肥以基肥为主,每亩施用复合肥 50 千克。

▶ 第三节　鲜食与食品加工型甘薯品种

一　苏薯8号

1.品种简介

苏薯 8 号是由江苏丘陵地区南京农业科学研究所从苏薯 4 号和苏薯 1 号的杂交后代中系统选育而成的鲜食和食品加工型甘薯品种。该品种于 1997 年通过江苏省农作物品种审定委员会审定，编号：苏种审字第 276 号。该品种早熟、高产、适应性强，是鲜食和薯片加工的重要甘薯来源。见图2-5。

图 2-5　苏薯 8 号

2.特征特性

该品种萌芽性较好，植株呈半直立型，顶叶绿色带紫边，成年叶绿色，叶片复缺刻型，缺刻程度深，叶脉色、脉基色均为紫色，茎蔓绿色，茎粗中等、短蔓，分枝数较多。薯块呈短纺锤形，薯皮紫红色，薯肉橘红色。结薯较整齐较集中，单株结薯数 5 个。大中薯率高。薯块干物率 25%，鲜薯 β 胡萝卜素含量 1.56 毫克/100 克。食味较好，储藏性好，抗旱性强。高抗茎线虫病和黑斑病,不抗根腐病。

3.产量水平

该品种产量潜力大,在江苏省区试中表现突出,鲜薯平均产量 2 800~3 500千克/亩,部分高产地块春薯可达 5 000 千克/亩。

4.适宜种植区域及栽培要点

该品种适应性强,在各种土壤类型均可种植。不宜在根腐病重发地块种植。大田生产上注意选择在无病健康地块种植,注意防治地下害虫,提高薯块商品率。排种时用多菌灵浸种,高剪苗栽插。培育健康壮苗。适时早栽,春薯种植密度为 3 500~4 000株/亩,夏薯种植密度为 4 000~4 500株/亩。施足基肥,尤其是瘠薄地要适当追加氮肥。

二 龙薯9号

1.品种简介

龙薯 9 号是龙岩市农业科学研究所从岩薯 5 号和金山 57 的有性杂交后代中系统选育而成的鲜食型甘薯品种。于 2004 年通过福建省农作物品种审定委员会审定,编号:闽审薯 2004004,2018 年通过农业农村部品种登记,编号:GPD 甘薯(2018)350047。该品种具有特早熟、超高产等特点,是当季最早上市的鲜食甘薯品种之一。见图 2-6。

图 2-6 龙薯 9 号

2.特征特性

该品种萌芽性一般,植株呈匍匐型,顶叶和成年叶均为绿色,叶片心形带齿,叶脉色、脉基色和柄基色均为淡紫色,茎粗中等,中短蔓,分枝数9个左右,薯块纺锤形,薯皮红色,薯肉橘红色,单株结薯5个左右,结薯整齐较集中,大中薯率高,食味品质较好。薯块干物率21%左右,耐储藏。高抗蔓割病和Ⅰ型薯瘟病,中抗黑斑病,感根腐病,高感Ⅱ型薯瘟病。

3.产量水平

该品种于2001—2002年参加福建省甘薯品种区试,鲜薯平均亩产3 786.9千克,比对照金山57增产47.62%;薯干亩产805.3千克,比对照金山57增产20.28%。栽后90天,鲜薯亩产量可达2 840千克。

4.适宜种植区域及栽培要点

该品种可在全国各地种植,不宜在根腐病和薯瘟病重发地块种植,生产上要注意防治黑斑病和地下害虫,提高薯块商品率。该品种为超早熟品种,建议温棚育苗,及早栽插,根据市场行情,及早收获。每亩种植3 500~4 000株。施足基肥,早追苗肥。

三 广薯87

1.品种简介

该品种是广东省农业科学院作物研究所以广薯69为母本,经集团杂交后系统选育而成的优质鲜食和食品加工型甘薯品种。于2006年通过国家甘薯品种鉴定委员会鉴定,编号:国品鉴甘薯2006004。2006年通过广东省农作物品种审定委员会审定,编号:粤审薯2006002;2009年通过福建省农作物品种审定委员会审定,编号:闽审薯2009001。见图2-7。

图 2-7　广薯 87

2.特征特性

该品种萌芽性好,植株呈半直立型,顶叶、成年叶、叶柄均为绿色,叶脉浅紫色,成年叶复缺刻,缺刻程度深,短蔓,分枝数多,茎粗中等,茎绿色。单株结薯 7 个左右,薯块纺锤形,薯皮红色,薯肉橙黄色。薯皮光滑,单株结薯 5 个左右,结薯整齐较集中,薯块干物率 28.84%,淀粉率 18.31%。较耐储藏,商品性好,蒸煮食味优。区试抗病性鉴定结果,综合评价为抗蔓割病、感薯瘟病。

3.产量水平

该品种于 2004—2005 年参加广东省甘薯品种区试,两年区试平均鲜薯产量 2 402.5 千克/亩,比对照广薯 111 增产 27.56%,薯干产量 683.4 千克/亩,比对照广薯 111 增长 23.02%。

该品种于 2006—2007 年参加福建省甘薯区域试验,2006 年鲜薯产量 2 559.3 千克/亩,比对照金山 57 减产 7.59%;薯干产量 732.3 千克/亩,比对照金山 57 增产 0.56%;淀粉产量 455.5 千克/亩,比对照金山 57 增产 14.23 千克/亩。2007 年续试,鲜薯产量 2 560.9 千克/亩,比对照金山 57 减产 1.9%;薯干产量 738.9 千克/亩,比对照金山 57 增产 11.12%;淀粉产量

480千克/亩,比对照金山57增产16.36%。2008年生产试验,鲜薯产量2 525.1千克/亩,比对照金山57增产7.32%;薯干产量730.7千克/亩,比对照金山57增产20.9%;淀粉产量475.1千克/亩,比对照金山57增产26.28%。

4.适宜种植区域及栽培要点

该品种可在全国大部分地区种植,不宜在薯瘟病重发地块种植。该品种薯块前期膨大速度快,生产上宜加强前期田间管理,重施基肥、酌情补肥。选用健康种薯,培育早足壮苗,每亩施复合肥50千克,种植密度为3 500~4 000株/亩,宜采用水平栽插方式。注意防治病虫害,提高商品薯率。

四 心香

1.品种简介

心香是浙江省农业科学院作物与核技术利用研究所和勿忘农集团有限公司合作选育的早熟优质鲜食和食品加工型甘薯品种,从金玉(浙1257)×浙薯2号杂交后代中系选育而成,于2007年通过浙江省农作物品种审定委员会认定,2009年通过国家甘薯品种鉴定委员会鉴定,编号:国品鉴甘薯2009008,2019年通过农业农村部新品种登记。该品种早熟、优质,适宜机械化收获,种植效益高,是长三角地区紧俏的早熟甘薯来源和甘薯干加工原料。

2.特征特性

该品种萌芽性较好,株型为匍匐型,中短蔓,顶叶和成年叶均为绿色,叶片心形,叶脉绿色,脉基色为紫色,茎蔓绿色,茎粗较细,分枝数7个左右。薯块长纺锤形,薯皮紫红色,薯肉淡黄色,结薯整齐集中,单株结薯4个左右。薯块干物率32.71%,可溶性糖含量6.22%,粗纤维含量6.22%,薯块商品率高。蒸煮食味优,储藏性好。感黑斑病,抗蔓割病。

3.产量水平

该品种于 2006—2007 年参加长江流域薯区国家甘薯品种鉴定区域试验,两年平均鲜薯产量 2 081.2 千克/亩,比对照南薯 88 减产 5.08%;薯干产量 677.5 千克/亩,比对照南薯 88 增产 11.28%;淀粉产量 459.8 千克/亩,比对照南薯 88 增产 16.46%。2008 年参加生产试验,鲜薯亩产 2 199.9 千克,比对照南薯88 减产 7.53%;薯干产量 707.0 千克/亩,比对照南薯 88 增产 31.88%;淀粉产量 475.4 千克/亩,比对照南薯 88 增产 40.06%。

4.适宜种植区域及栽培要点

该品种可在全国种植,在浙江南部适合迷你薯一年两季种植,在海南、广东等无霜区可以实现周年种植。大田管理上,注意防治黑斑病和地下害虫,提高薯块商品率。建议及早育苗,适时早栽早收。施足基肥,辅施追肥。每亩栽插 4 000~4 500 株。

五 烟薯 25

1.品种简介

烟薯 25(系号 0579)是山东省烟台市农业科学研究院,以鲁薯 8 号放任授粉,在其集团杂交后代中系统选育而成的优质鲜食型甘薯品种。于2012 年通过山东省农作物品种审定委员会审定(编号:鲁农审 2012035号)和全国甘薯品种鉴定委员会鉴定(编号:国品鉴甘薯 2012001)。该品种甜度高,蒸煮和烘烤食味俱佳,是近年来最畅销的鲜食型甘薯之一,在全国各地广泛种植,深受种植户和消费者的喜爱。见图 2-8。

2.特征特性

该品种萌芽性一般,植株匍匐型,顶叶褐色,成年叶、叶脉、脉基部、茎均为绿色,叶片心形。中长蔓,茎粗中等,分枝数 6 个,薯块纺锤形,薯皮淡红色,薯皮有爆筋,薯肉橘红色,单株结薯数 5 个,大中薯率较高,薯块

图 2-8 烟薯 25

干物率 27.04%。经国家区域试验鉴定：抗根腐病和黑斑病。

3.产量水平

该品种于 2009—2010 年参加山东省甘薯品种区试,平均鲜薯产量为 2 430.5 千克/亩,较对照徐薯 18 增产 23.88%。2011 年山东省生产试验中,平均鲜薯产量 2 495.6 千克/亩,比对照徐薯 18 增产 33.58%。于 2010—2011 年参加国家甘薯品种北方大区区试,两年平均鲜薯产量 2 014.6 千克/亩,比对照徐薯 22 增产 1.3%,居第一位。2012 年生产试验中,平均鲜薯产量 2 382.0 千克/亩,比对照徐薯 22 增产 8.58%。

4.品质指标

经国家区试统一测定,烟薯 25 干基还原糖含量为 5.62%,可溶性糖含量为 10.34%。经农村农业部辐照食品质量监督检验中心测定:烟薯 25 黏液蛋白 1.12%,鲜薯胡萝卜素含量 3.67 毫克/100 克。蒸煮食味总评分 77.1 分。

5.适宜种植区域及栽培要点

全国品种鉴定委员会建议在北方薯区的山东、河北、陕西、安徽适宜地区种植。该品种适应性强,食味突出,目前已在全国主要甘薯产区广泛种植。选用健康种苗,高剪苗栽插。施足基肥,每亩施复合肥 35 千克,尽量不施用土杂肥。宜密植,春薯每亩栽插 3 500~4 000 株,夏薯每亩栽插 4 000~4 500 株。注意防治地下害虫,提高商品薯率。

六 普薯32

1.品种简介

普薯 32,又名西瓜红,是广东省普宁市农业科学研究所从普薯 24 和徐薯 94/4-1 定向杂交后代中系统选育而成的高产优质适应性广的鲜食型甘薯新品种,于 2012 年 6 月通过广东省农作物品种审定委员会审定,审定编号:粤审薯 2012002。普薯具有早熟、优质、稳产、商品性突出等优点。见图2-9。

图 2-9　普薯 32

2.特征特性

该品种萌芽性好,植株匍匐状,长蔓,茎粗中等,分枝多;顶叶淡紫色,叶片心形,叶色绿色,叶脉浅绿色,茎绿色;单株结薯多,较集中,薯块纺锤形,薯块整齐均匀,表皮光滑,薯皮红色,薯肉橘红色;大中薯率85.1%,食味优,较耐储藏,中感薯瘟病,高感蔓割病。平均薯块干物率29.33%,淀粉率18.89%,鲜薯胡萝卜素含量 17.30 毫克/100 克。蒸煮食味 85 分(对照广薯 111 蒸煮食味 70 分)。

3.产量水平

普薯 32 号于 2010—2011 年参加广东省甘薯区试。2010 年初试:鲜薯平均亩产 2 327 千克,比对照广薯 111 增产 32.50%,排第一名;薯干平均亩产 674.2 千克,比对照广薯 111 增产 34.54%。2011 年复试:鲜薯平均亩产 2 279 千克,比对照广薯 111 增产 20.45%;薯干平均亩产 675.2 千克,比对照广薯 111 增产 25.89%。

4.适宜种植区域及栽培要点

普薯 32 是近年鲜食甘薯的畅销品种,因其高产稳产和良好的食用品质,广泛种植于大江南北,深受种植户和消费者的喜爱。生产上要加强病害防治,选用无病非重茬地块。采用健康种薯种苗,使用高剪苗,忌拔苗。适时早栽,每亩栽 4 000~4 500 株。每亩施复合肥 40 千克,注意防治蛴螬等地下害虫,提高商品薯率。

七 济薯 26

1.品种简介

济薯 26(济 08088)是山东省农业科学院作物所以徐 03-31-15 为母本,经集团杂交后代系统选育而成的优质鲜食和食品加工型品种,于 2014 年 3 月通过国家甘薯品种鉴定委员会鉴定,编号:国品鉴甘薯 2014002。该品种高产,耐贫瘠,适应性广,鲜食风味佳。见图 2-10。

图 2-10 济薯 26

2.特征特性

该品种萌芽性好,植株呈匍匐型,顶叶黄绿色带紫边,叶片心形,成年叶绿色,叶脉色、脉基色和柄基色均为紫色,茎蔓绿带紫色,蔓长中等,茎粗较细,分枝数十个。薯块长纺锤形,薯皮红色,薯肉黄色,表皮光滑,结薯整齐集中,单株结薯 4 个,大中薯率高。两年区试平均薯块干物率25.76%,比对照徐薯 22 低 3.57 个百分点。较耐储藏。抗蔓割病,中抗根腐病和茎线虫病,感黑斑病,综合抗病性较好。

3.产量水平

该品种于 2012—2013 年参加国家甘薯品种北方薯区区域试验。2012年,薯块鲜产 2 395.7 千克/亩,比对照徐薯 22 增产 9.01%;薯干产量 624.7 千克/亩,比对照徐薯 22 减产 3.89%。2013 年续试,薯块鲜产 1 942.4 千克/亩,比对照徐薯 22 增产 8.48%;薯干产量 492.6 千克/亩,比对照徐薯 22 减产5.27%。2013年提前进入生产试验,平均薯块鲜产 2 317.4 千克/亩,比对照徐薯 22 增产 14.34%;薯干产量 595.5 千克/亩,比对照徐薯 22 增产4.92%。

4.适宜种植区域及栽培要点

全国品种鉴定委员会建议在河北、河南、山东、陕西、江苏北部适宜地区种植。因其高产稳产和良好的薯干加工特性,目前在国内广泛种植,是甘薯干加工的主要原料来源之一。该品种耐旱、耐瘠、易旺长。大田生产注意防治黑斑病。选用健康种薯,培育壮苗,适时早栽,每亩栽 3 500~4 500 株。施肥上以有机肥基施为主,追肥注意氮磷钾配施。适时收获。

八 宁紫薯4号

1.品种简介

宁紫薯 4 号是江苏省农业科学院粮食作物研究所从徐紫薯 5 号和宁紫薯 1 号定向杂交后代中系统选育而成的鲜食型紫甘薯品种,于 2016 年

3月通过国家甘薯品种鉴定委员会鉴定,编号:国品鉴甘薯2016012。该品种具有鲜薯产量高、熟食品质优的特点。见图2-11。

图2-11 宁紫薯4号

2.特征特性

该品种萌芽性较好,植株呈匍匐型,中等蔓长,叶片心形带齿,顶叶深褐色,成年叶、叶色、茎蔓均为绿色,脉基色紫色,茎粗中等,分枝数6个左右,薯块短纺锤形,薯皮紫红色,薯肉浅紫色,单株结薯6个左右,薯皮光滑,结薯较整齐集中,商品率高,薯块干物率28.98%,花青素含量20.7毫克/100克,胡萝卜素含量3.51毫克/100克。该品种高抗茎线虫病,抗黑斑病,中抗蔓割病,不抗根腐病和薯瘟病,综合抗病性表现较好。

3.产量水平

该品种于2014—2015年参加国家长江流域甘薯区域试验,两年平均鲜薯亩产2 242.5千克,比对照宁紫薯1号增产13.44%;薯干亩产647.5千克,比对照宁紫薯1号增产21.73%。2015年参加生产试验,该品种夏薯平均亩产2 334.8千克,薯干亩产667.3千克。

4.品质指标

该品种熟食品质优,蛋白质含量2.96%,可溶性糖含量16.18%,还原糖含量 9.91%,鲜薯花青素含量 20.72 毫克/100 克,胡萝卜素含量 3.51 毫克/100 克。

5.适宜种植区域及栽培要点

该品种适合在江苏、浙江、江西、湖南、湖北、安徽等适宜地区种植,不宜在根腐病和薯瘟病重发地块种植。生产上注意培育早足壮苗,及早栽插。每亩栽插 3 500 株左右。施肥以基肥为主,追肥为辅。每亩施复合肥 40 千克,硫酸钾 20 千克。注意防治地下害虫,提高薯块商品率。

九 桂紫薇薯 1 号

1.品种简介

桂紫薇薯 1 号是广西壮族自治区农业科学院从糊薯 1 号和广紫薯 1 号的有性杂交后代中系统选育而成的鲜食型紫甘薯品种,于 2016 年通过国家甘薯品种鉴定委员会鉴定,编号:国品鉴甘薯 2016027。该品种具有高产、优质、薯形美观的特点。

2.特征特性

该品种萌芽性较好,植株呈半直立型,蔓长中等,叶片心形带齿,顶叶和成年叶均为绿色,叶脉浅紫色,茎绿色带紫斑,茎粗中等,分枝数 8 个左右。薯块纺锤形,薯皮紫色,薯肉浅紫带白色,薯皮光滑,结薯整齐较集中,单株结薯 6 个左右,商品率高。薯块干物率 27.66%。中抗 I 型薯瘟病,中感蔓割病,高感 II 型薯瘟病。综合抗病性表现一般。

3.产量水平

该品种于 2014—2015 年参加国家南方甘薯区域试验,两年平均鲜薯亩产 1 694.7 千克,比对照宁紫薯 1 号增长 8.54%;薯干亩产 467.1 千克,比对照宁紫薯 1 号增产 21.06%。经多年多点鉴定,该品种夏薯平均亩产 1 800 千克左右,薯干亩产 500 千克左右。

4.品质指标

该品种食味鉴定评分 78.4 分(对照宁紫薯 1 号为 70 分),蛋白质含量 7.46%,可溶性糖含量 17.77%,鲜薯花青素含量 10.68 毫克/100 克。

5.适宜种植区域及栽培要点

该品种适合在广东、广西、江西、福建(龙岩除外)适宜地区种植,不宜在蔓割病和薯瘟病重发地块种植。生产上注意培育健康种苗,适时早栽。每亩栽插 3 000~3 500 株。施肥以基肥为主,追肥为辅。每亩施复合肥 30 千克,硫酸钾 20 千克。注意防治病虫害,提高薯块商品率。

十 阜紫薯 1 号

1.品种简介

阜紫薯 1 号(系号 0713-6)是阜阳市农业科学院以优质、高产紫心品种渝紫 1 号为母本,以冀薯 4 号、Y08-77、P616-23、徐 27、阜 24、岩薯 5 号、浙薯 13、龙薯 9 号、昆明红心甘薯等品种为父本,经集团杂交选育而成的食用型紫薯品种。2016 年 3 月经全国甘薯品种鉴定委员会鉴定通过,鉴定编号:国品鉴甘薯 2016019。2020 年通过国家非主要农作物登记平台登记,登记编号:GPD 甘薯(2020)340109。该品种具有优质、高产、富含花青素、薯形美观、适应性广等优点。

2.特征特性

该品种萌芽性较好,长蔓,茎蔓较粗,分枝数 9 个;叶片心形带齿,顶叶黄绿色带紫边,成年叶、叶脉和茎蔓均为绿色,脉基色和柄基色均为紫色;储藏性较好;薯块纺锤形,薯皮色、熟肉色均为紫色,结薯较集中,薯块较整齐,单株结 3 个左右,大中薯率较高;蒸煮食味较好,食味总评分 72.3,对照宁紫薯 1 号为 70 分。两年区试平均烘干率 26.69%,比对照宁紫薯 1 号高 0.66 个百分点;鲜薯两年平均花青素含量 23.88 毫克/100

克。该品种中抗蔓割病,综合抗病性中等。

3.产量水平

该品种 2014—2015 年参加国家甘薯品种北方特用组区试,两年 20 点次鲜薯平均每亩产量 2 263.9 千克,较对照品种宁紫薯 1 号增产 23.57%;薯干平均产量 604.2 千克/亩,较对照宁紫薯 1 号增产 26.69%;平均烘干率 26.69%,比对照品种宁紫薯 1 号高 0.66 个百分点。

4.适宜种植区域及栽培要点

该品种适应性强,可在北京、河北、山西、河南、山东(泰安除外)等适宜地区作春、夏薯种植。大田生产注意防治黑斑病和茎线虫病,不宜在根腐病严重地块种植。选用健康种苗,适时早栽,每亩栽 4 000~4 500 株。施肥上注意施足基肥,每亩施复合肥 25 千克,硫酸钾 20 千克。适时收获,防止冻害。

十一 皖苏 361

1.品种简介

该品种是安徽省农业科学院作物研究所与江苏省农业科学院粮食作物研究所合作,从宁 N26-2 的集团杂交后代中系选育而成的鲜食型紫甘薯品种,于 2022 年通过农业农村部新品种登记,编号:GPD 甘薯(2022)340044。见图 2-12。

2.特征特性

皖苏 361 萌芽性好,中长蔓,分枝数 11 个左右,茎粗中等,叶形中等缺刻,叶片大小中等,顶叶紫色,叶色绿色,叶脉绿色,茎色绿色,薯块纺锤形,薯皮紫色,薯肉浅紫色,结薯整齐集中,薯皮光滑,商品性好,单株结薯 4 个左右。薯块干物率 31.5%,薯块耐贮性优,熟食味优。抗蔓割病,中抗根腐病。

图 2-12　皖苏 361

3.产量水平

该品种于 2019—2020 年参加徐州农业科学研究所主持的长江中下游薯区甘薯联合鉴定试验。两年平均鲜薯亩产 1 768.7 千克,较对照宁紫薯 1 号增产 8.4%;薯干亩产 555.2 千克,较对照宁紫薯 1 号增产 16.69%;淀粉亩产 370.5 千克,较对照宁紫薯 1 号增产 19.67%。

4.品质指标

皖苏 361 薯块粗蛋白含量 0.64%,还原糖含量 1.51%,可溶性糖含量 7.51%,淀粉率 21.05%。鲜薯花青素含量 7.79 毫克/100 克,食味综合评价 75.35 分,优于对照宁紫薯 1 号(72.2 分)。

5.适宜种植区域及栽培要点

该品种适宜在长江中下游薯区的湖北、湖南、安徽、江西、江苏、浙江春、夏季种植。不宜在茎线虫病、根腐病等病害重发地块种植。生产上注意培育早、壮、足苗。排种前用杀菌剂浸泡种薯,高剪苗,控制黑斑病等危害。适时早栽,春薯种植密度 3 300~3 600 株/亩,夏薯种植密度 3 500~4 000 株/亩。每亩施氮磷钾三元复合肥(45%)50 千克。

第四节 特用型甘薯品种

一 维多利

1.品种简介

维多利是河北省农业科学院粮油作物研究所以冀薯 4 号为母本,经集团杂交选育而成的高胡萝卜素型甘薯品种。该品种于 2009 年通过国家甘薯品种鉴定委员会鉴定,编号:国品鉴甘薯 2009011。

2.特征特性

该品种萌芽性中等,植株呈匍匐型,顶叶、成年叶均为绿色,叶片心形带齿,叶脉和茎色均为绿色,茎粗中等,蔓长中等,分枝数 6 个左右。薯块呈下膨纺锤形,薯皮黄色,薯肉橘红色。单株结薯 4 个左右,结薯较整齐集中,大中薯率高,蒸煮食味一般。储藏性较好。薯块干物率 25.8%。鲜薯胡萝卜素含量 15.1 毫克/100 克。抗茎线虫病,中抗根腐病和黑斑病,高感蔓割病。

3.产量水平

于 2006—2007 年参加国家北方薯区甘薯品种区域试验,两年区试平均鲜薯产量 2 081.1 千克/亩,比对照徐薯 18 增产 7.12%;薯干产量 610.2 千克/亩,比对照徐薯 18 增产 10.88%;淀粉产量 398.4 千克/亩,比对照徐薯 18 增产 12.35%。2008 年参加生产试验,平均鲜薯亩产 2 247.7 千克,比对照徐薯 18 增产 9.36%;薯干产量 696.3 千克/亩,比对照徐薯 18 增产 11.16%;淀粉产量 449.4 千克/亩,比对照徐薯 18 增产 11.80%。

4.适宜种植区域及栽培要点

适宜在北方薯区的河南、安徽、河北、陕西、山东、北京、天津、江苏北

部等地作春、夏薯种植,不宜在蔓割病重发地块种植。生产上应培育壮苗,适时早栽。基肥为主,追肥为辅。每亩栽插 3 000~4000 株,春薯宜稀,夏薯宜密。

二 济紫薯1号

1.品种简介

济紫薯 1 号(原系号济 02146)是山东省农业科学院作物研究所以绫紫为母本,在其放任授粉后代中系统选育而成的高花青素型品种,于 2013 年 3 月通过山东省农作物品种审定委员会审定,编号:鲁农审 2012037 号;2015 年 6 月通过全国甘薯品种鉴定委员会鉴定,编号国品鉴甘薯 2015009。该品种耐旱,耐瘠,花青素含量高,适合企业提取花青素。

2.特征特性

该品种萌芽性一般,植株匍匐型,顶叶绿色带褐色边,叶色、叶脉色均为绿色,叶片心形,茎色绿色,中长蔓,茎粗中等,分枝数中等,薯块下膨纺锤形,薯皮紫黑色,薯肉紫黑色,薯块干物率39.57%,鲜薯花青素含量 90~126 毫克/100 克。耐储藏。抗根腐病和黑斑病,感茎线虫病。

3.产量水平

该品种于 2009—2010 年参加山东省甘薯品种区域试验,两年试验平均鲜薯产量 1 783.5 千克/亩,比对照徐薯 18 减产 11.87%;薯干产量 707.3 千克/亩,比对照徐薯 18 增产 3.95%。2011 年参加生产试验,鲜薯产量 1 672.3 千克/亩,比对照徐薯 18 减产 10.5%;薯干产量 638.1 千克/亩,比对照徐薯 18 增产 10.7%。2012—2013 年同时参加国家北方区和长江区两大特用组区域试验,北方区特用组增产 12.4%~55.52%,长江区特用组增产 11.54%~58.11%,两组试验均显著增产。

4.适宜种植区域及栽培要点

该品种适应性强,可在北方春薯区、长江流域夏薯区和南方夏秋薯区种植。大田生产选用无病无重茬地块,严格防治甘薯茎线虫病。春薯种植建议每亩栽插 3 500 株左右,夏薯种植建议每亩栽插 3 500~3800 株。施肥上注意氮磷钾的配施比例,注意增钾减氮,防止后期地上部旺长。

三 绵紫薯9号

1.品种简介

绵紫薯 9 号是绵阳市农业科学研究院与西南大学共同选育的高花青素型甘薯品种。该品种以 4-4-259(浙薯 13×浙薯 78)为母本,经集团杂交系统选育而成,于 2012 年通过四川省农作物品种审定委员会审定,编号:川审薯 2012009;于 2014 年 3 月通过国家甘薯品种鉴定委员会鉴定,编号:国品鉴甘薯 2014005。是四川省甘薯主导品种,高产稳产,花青素含量高,是很多紫薯加工企业的紫薯来源。见图 2-13。

图 2-13　绵紫薯 9 号

2.特征特性

该品种萌芽性好,中长蔓,茎粗中等,分枝数 8 个,叶形深复缺,缺刻程度深,五裂片,顶叶绿色边缘带紫,茎蔓和成年叶均为绿色,叶脉和脉基色均为绿色;薯块纺锤形,皮色紫色,薯皮光滑,薯肉色深紫色,结薯整齐

集中,单株结薯数 5 个左右,大中薯率一般;蒸煮食味较优,储藏性优。两年区试平均薯块干物率 28.43%,鲜薯两年平均花青素含量 55.97 毫克/100 克。该品种高抗茎线虫病,抗蔓割病,中抗根腐病,感黑斑病,感Ⅰ型、Ⅱ型薯瘟病,综合抗病性突出。

3.产量水平

2012 年和 2013 年参加国家甘薯品种长江流域薯区特用组区试。2012 年区试,鲜薯平均亩产 2 222.1 千克,比对照宁紫薯 1 号增产19.36%;薯干平均亩产 611.1 千克,比对照宁紫薯 1 号增产 27.60%。2013 年区试,鲜薯平均亩产 1 860.3 千克,比对照宁紫薯 1 号增产 30.19%;薯干平均亩产 541.1 千克,比对照宁紫薯 1 号增产 26.65%。2013 年生产试验,鲜薯平均亩产 2 330.4 千克,比对照宁紫薯 1号增产 30.19%;薯干平均亩产 644.2 千克/亩,比对照宁紫薯 1 号增产43.78%。

4.适宜种植区域及栽培要点

全国甘薯鉴定委员会建议绵紫薯 9 号在四川、重庆、湖北、湖南、贵州、江西、浙江和江苏南部适宜地区种植。大田生产选用无病无重茬地块,严格防治甘薯黑斑病。不宜在薯瘟病高发地块种植。一般 5 月下旬至6 月上旬栽插,密度 4 000 株/亩,建议适时早栽。施肥以有机肥为主,化肥为辅,重施底肥。

四 徐紫薯8号

1.品种简介

徐紫薯 8 号是徐州市农业科学研究所从徐紫薯 3 号和万紫 56 的杂交后代中系统选育而成的多用途高花青素型甘薯品种。该品种于 2018年通过农业农村部品种登记,编号:GPD 甘薯(2018)320033。该品种具有高产早熟、优质广适等优点,目前正在大范围生产应用。见图 2–14。

图 2-14　徐紫薯 8 号

2.特征特性

该品种萌芽性较好,植株呈匍匐型,蔓长中等,茎粗较细,分枝数多,茎绿色带紫斑,顶叶黄绿色带紫边,成年叶绿色,叶脉浅紫色。叶片深缺刻,缺刻程度深,无绒毛。薯块纺锤形至长纺锤形,薯皮紫色,薯肉深紫色,结薯整齐较集中,单株结薯 4 个左右,薯块烘干率 29% 左右,鲜薯花青素含量 80 毫克/100 克以上,商品薯率高,耐储藏性一般。国家区域试验抗病性鉴定:该品种中抗根腐病,不抗茎线虫病和黑斑病,综合抗病性表现一般。

3.产量水平

该品种于 2016—2017 年参加江苏省甘薯联合鉴定试验,2016 年鲜薯产量 2 005.3 千克/亩,比对照宁紫薯 1 号减产 11.42%;薯干产量 620 千克/亩,比对照宁紫薯 1 号增产 10.43%;淀粉产量 412 千克/亩,比对照宁紫薯 1 号增产 19.54%。2017 年续试,鲜薯产量 1 791.3 千克/亩,比对照宁紫薯 1 号增产 1.81%;薯干产量 575.3 千克/亩,比对照宁紫薯 1 号增产 27.63%;淀粉产量 354 千克/亩,比对照宁紫薯 1 号增产 38.95%。多年多点鉴定,徐紫薯 8 号夏薯平均亩产 2 100千克左右。

4.适宜种植区域及栽培要点

目前徐紫薯 8 号种植范围广泛,北至内蒙古中部,南至海南岛,西至

新疆中部等地区均有种植。生产上要注意防治黑斑病和茎线虫病,不宜在根腐病重发地块种植。该品种早熟优质,可以在北方薯区一年两季种植。建议温棚育苗,培育早足壮苗,及早栽插,一般 90 天左右即可收获。每亩栽插 3 500~4 000 株。施足基肥,促进及早封垄。注意防治地下害虫,提高薯块商品率。

(五)福菜薯 18 号

1.品种简介

福菜薯 18 号(原名福薯18)是福建省农业科学院作物研究所与湖北省农业科学院粮食作物研究所合作,从优质菜用甘薯品种泉薯 830 和台农 71 杂交后代中系统选育而成的菜用型甘薯新品种。该品种于 2011 年通过国家甘薯品种鉴定委员会鉴定通过,编号:国品鉴甘薯 2011015。2012 年通过福建省农作物品种审定委员会审定,编号:闽审薯 2012001。2018 年通过农业农村部农作物品种登记,编号:GPD 甘薯(2018)3 50044。

2.特征特性

该品种株型半直立,叶片心形带齿,顶叶和成年叶均为绿色,叶基色、茎色为绿色,叶脉绿色,蔓长较短,分枝数多,薯块纺锤形或下膨纺锤形,薯皮黄色或淡黄色,薯肉淡黄色。茎尖无茸毛,烫后为翠绿色,有清香味,有甜味,有滑腻感,食味综合表现优。抗蔓割病,中抗根腐病和线虫病,感黑斑病,综合抗病性较好。

3.产量水平

该品种于 2008—2009 年参加国家甘薯新品种区试,两年平均甘薯茎尖亩产 2 924.6 千克,2010 年参加生产试验,甘薯茎尖平均亩产 3 180.6 千克。

4.适宜种植区域及栽培要点

全国甘薯品种鉴定委员会推荐在全国菜用型甘薯种植区推广种植。

选择水肥利用方便、无病、不重茬的地块,选用无病虫害的壮苗,采用宽畦栽培方式,种植密度每亩栽插 12 000~22 000 株。植株成活后摘顶促分枝。栽插时每亩基施有机肥 2 000 千克左右,生育期内施用纯氮 30~50 千克。

六 薯绿 1 号

1.品种简介

薯绿 1 号(原名徐菜薯 1 号)是徐州农业科学研究所和浙江省农业科学院作物与核技术利用研究所共同选育的菜用型甘薯新品种。该品种以菜用型甘薯品种台农 71 为母本,广菜薯 2 号为父本,经定向杂交系统选育而成,于 2013 年 3 月通过国家甘薯品种鉴定委员会鉴定,编号:国品鉴甘薯 2013015。2015 年获得植物新品种权,编号 CNA20100663.2。见图 2-15。

图 2-15 薯绿 1 号

2.特征特性

该品种萌芽性好,植株呈半直立型,顶叶心形带齿,叶片心形,顶叶黄绿色,叶色、叶脉、叶基色、茎色均为绿色,茎粗中等,分枝多;薯块纺锤形,薯皮白色,薯肉白色。腋芽生长迅速,整齐度好。茎尖无绒毛,烫后颜色呈翠绿至绿色,味微甜,有滑腻感。经福建省农业科学院和江苏徐州甘薯研

究中心鉴定,高抗茎线虫病,抗蔓割病。

3.产量水平

该品种于2010—2011年参加国家菜用甘薯区域试验,两年平均茎尖产量1 893.4千克/亩,比对照福薯76减产4.30%。2012年参加国家菜用甘薯生产试验,茎尖产量1 774.5千克/亩,比对照福薯76增产11.25%。全国甘薯品种鉴定委员会推荐在山东、河南、江苏、浙江、四川、福建、广东、海南等地区作叶菜品种种植。

4.品质指标

区试食味评分平均74.73分,比对照福薯76高6.76%。经农业部农产品质量检测中心(杭州)检测,薯绿1号茎尖粗蛋白含量为3.88%,脂肪含量0.2%,维生素C含量224毫克/千克,粗纤维含量1.6%,钙含量32.0毫克/千克,铁含量806毫克/千克。薯块干物率32.4%,可溶性糖含量5.45%,淀粉含量22.1%。

5.适宜种植区域及栽培要点

全国甘薯品种鉴定委员会推荐在全国根腐病、病毒病不严重的地区推广种植。选择肥力较好、排灌方便、通气性好的沙壤土种植,平畦栽插。施足基肥。选用无病壮苗,每亩栽插10 000株。适时采摘。及时修剪植株,防治病虫害。

（七）广菜薯5号

1.品种简介

广菜薯5号是广东省农业科学院作物研究所从优质菜用甘薯品种泉薯830和台农71杂交后代中系统选育而成的菜用型甘薯新品种。于2015年6月通过国家甘薯品种鉴定委员会鉴定,编号:国品鉴甘薯2015019。该品种的突出特点是抗病、稳产、优质。

2.特征特性

该品种萌芽性好,株型半直立,叶形复缺刻,缺刻程度较浅,顶叶绿色带褐边,成年叶、叶脉、茎色均为绿色,茎粗中等,分枝数较多。薯块纺锤形,薯皮浅黄色,薯肉白色。茎尖无绒毛,烫后颜色为翠绿色至绿色,无苦涩味,略有甜味和清香味,有滑腻感,食味评分 76.4 分(对照为 70 分)。高抗蔓割病,中抗茎线虫病和根腐病,中感 I 型薯瘟病,高感 II 型薯瘟病,综合抗病性表现好。

3.产量水平

该品种于 2012—2013 年参加国家甘薯品种区域试验,两年平均茎尖亩产 2 384 千克,较对照福薯 76 增产 11%。2014 年参加生产试验,平均茎尖亩产 2 185 千克,较对照福薯 76 增产 21.30%。

4.适宜种植区域及栽培要点

全国甘薯品种鉴定委员会推荐在全国甘薯种植区推广种植,不宜在疮痂病和薯瘟病高发地块种植。选择水肥利用方便、无重茬的地块,选用嫩壮苗种植。采用宽畦栽培方式,种植密度每亩栽插 13 000 株。每亩施土杂肥 1 000 千克,磷肥 20~30 千克,尿素 5~10 千克。注意防治斜纹夜蛾、蚜虫、甜菜叶蛾等。

(八)阜菜薯 1 号

1.品种简介

阜菜薯 1 号是阜阳市农业科学院以阜薯 24 为母本,经集团杂交选育而成的菜用型甘薯品种。该品种于 2014—2015 年参加全国农业技术推广服务中心组织的全国甘薯品种区域试验,2016 年 3 月经全国甘薯品种鉴定委员会鉴定通过,编号:国品鉴甘薯 2016029。

2.特征特性

该品种株型半直立,叶片浅缺刻,顶叶和成年叶均为绿色,叶基色、茎色为绿色,叶脉绿色,薯块纺锤形,薯皮红色,薯肉白色。茎尖无茸毛,烫后也是为翠绿至绿色,略有香味,微甜,有滑腻感,食味鉴定综合评分72.9分(对照福薯76食味评分为70分)。经山东省农业科院作物研究所和江苏徐州甘薯研究中心鉴定,抗薯瘟病和黑斑病。

3.产量水平

该品种2011—2013年在阜阳市农业科学院科技园内休耕地进行品种比较试验,每年采摘5次,平均每亩产1 890.69千克。2014—2015年参加国家甘薯品种区域试验,茎尖平均亩产2 202.4千克。

4.适宜种植区域及栽培要点

全国甘薯品种鉴定委员会推荐在全国甘薯种植区推广种植。选择水肥利用方便、无蔓割病、不重茬的地块,选用无病虫害的壮苗,采用宽畦栽培方式,种植密度每亩栽插18 000株。重施基肥,追肥以偏氮肥为主。

九 西蒙1号

1.品种简介

西蒙1号(Simon NO.1)是巴西联邦国立农科大学郑西蒙教授发现的,具有特殊医疗保健价值的特用型甘薯。1982年日本华裔医学博士杨天和托人将两个西蒙1号薯块赠送给上海医工研究院,希望将西蒙1号的医用成果介绍给祖国。薯块后由医工研究院转给上海市农业科学院作物所试验和保存。西蒙1号是已知的唯一一个药用甘薯品种。

2.特征特性

西蒙1号植株呈匍匐型,叶片心形,叶片大且肥厚,呈明显的凹凸不平状,叶色、叶脉色、茎蔓均为绿色,茎干粗壮,绒毛多,长蔓型,分枝数

6 个左右;薯块长纺锤形,薯皮白色,薯肉白色,薯块产量低,干物率较高。

3.营养成分及功效

该品种茎叶含有宝贵的血卟啉和多种有益矿物质元素,以及人体必需的 16 种氨基酸和维生素。在临床上,具有显著的止血功能,其茎叶提取物对部分紫癜的治疗有显著效果,是糖尿病的辅助治疗药物,在贫血、白血病、肾炎、癌症的治疗上也有明显作用。

十 黄金叶

黄金叶是一种观赏型甘薯,该品种耐热、耐旱、耐贫瘠,地上部植株生长旺盛,能迅速达到城市园林、道路绿化效果。该品种植株呈匍匐型,叶片心形,顶叶、成年叶、茎蔓、脉基色等均为黄绿色,故称为黄金叶,是目前生产上用得最多的观赏甘薯品种,在城市道路、公园小区、阳台庭院等应用较多。

第三章　健康种（薯）苗繁育技术

▶ 第一节　甘薯茎尖脱毒技术

甘薯茎尖脱毒技术是一项高新农业增产技术，是生物技术、病毒学技术和良种繁育技术有机结合的产物。"脱毒甘薯"即是利用生物技术有效去除甘薯体内的病毒，并在严格的防病毒再侵染措施下大量繁殖出来的无病毒种薯种苗。这里的"毒"指的是引发甘薯病毒病的植物病毒，与我们常说的"有毒"的概念不同。"脱毒"指的是"除去甘薯体内病毒"。甘薯脱毒技术是在无菌条件下，将甘薯苗茎尖长为 0.1~0.3 毫米芽原基，在合适的培养基上经过离体培养诱导再生苗。茎尖苗经病毒检测确认不带有某些病毒后，在防虫网棚或空间隔离条件下进行扩繁，最后将这些无病毒薯块或薯苗用于大田生产种植。

一）甘薯脱毒原理

甘薯良种随着种植年代的增加会出现植株变小、分枝减少、叶片皱缩、羽状斑纹、生长势衰退、块茎变小、产量和品质明显下降，甚至丧失生产利用价值，这种现象叫作甘薯种性退化。甘薯种性退化是长期以来普遍存在、严重影响甘薯生产发展的一个重大问题。甘薯种性退化的主要原因是病毒侵染。病毒病是危害甘薯生产最严重的病害之一。调查显示，我国甘薯病毒病发生严重，一般造成产量损失 20%~40%，严重时甘薯减产幅度在 50% 以上，甚至绝收。据报道，目前世界上侵染甘薯的病毒有 9 科 38 种，我国甘薯上存在的病毒有 20 种左右。

茎尖脱毒技术主要是以病毒在植物组织中分布不均匀的特点为依据的。即茎尖生长点的病毒浓度低或不含病毒，切取后培养，有可能获得无毒种苗。将植株或块茎上的顶部生长点切下，进行组织培养，生成小苗，通过检测，选出无毒苗。脱毒率一般仅为百分之几或千分之几。

二 催芽育壮苗

选择完全符合该品种特征特性的健康薯块进行脱毒。将薯块放于浅水槽内，洒水后水槽加盖一层保鲜膜，以保持水分，放到光照培养箱内催芽。光照培养箱内温度保持在 25℃ 左右，保温保水，有利于薯块长出健壮的薯苗。待甘薯苗长至 15~25 厘米时，剪取 10~20 厘米健康壮苗茎段。

三 茎尖培养

取茎段茎尖 0.5 厘米，用纯水反复冲洗多次，用 70% 乙醇灭菌 30 秒，再用 0.1% 升汞溶液灭菌 3 分钟，最后用无菌水反复冲洗 3~5 次，去除残留的升汞。在生物显微镜下，剥取茎尖分生组织，在超净台上使用显微镜，将只含 1~2 个叶原基的 0.1~0.3 毫米大小的茎尖分生组织剥取出来，放到诱导培养基中进行成苗培养。见图 3-1。

图 3-1 生物显微镜下剥取茎尖分生组织

四 切段扩繁

　　经剥取的茎尖分生组织诱导成苗后，经过茎尖培养、检测获得的脱毒苗，一方面保存好原始脱毒苗，另一方面根据需要进行切段繁殖，在培养瓶中装入MS培养基，把切段接种在培养基上进行培养。随后需要用一种快速的方法，成倍地扩增组培苗的数量，将完整的组培苗植株，2~3个茎节分切为一段，栽种至快繁培养基中，进行培养。在适宜的温度和光照条件下，切段3~5天生根，20天左右

图3-2　茎尖组织快繁

长成小植株。再将新长成的植株，2~3个茎节分切为一段，栽种至快繁培养基上，循环往复，多次扩繁，直至幼苗满足栽培需要。一般在首次移栽之前，要进行3~4次切段扩繁。见图3-2。

五 病毒检测

　　脱毒茎尖苗是脱毒种薯种苗繁育的源头，只有控制好这个源头，确保茎尖苗不带毒，才能保证脱毒种薯的质量和增产效果，使真正的无毒种苗应用于生产。在切段扩繁的同时，要进行病毒检测。病毒检测是保证试管苗不带毒的关键，目前甘薯病毒的检测方法有分子生物学检测方法、生物学鉴定方法、血清学检测方法等。其中，血清学检测方法是一种较为有效的甘薯病毒检测方法。很多甘薯病毒都可以提纯制备高效价的抗原血清，利用抗原抗体的特异性免疫学关系，用来检测甘薯病毒。该方法具有特异性强、检测量大、灵敏度高等优点。缺点是需要单独制备各种病毒

的酶标记特异抗体,操作过程烦琐,检测结果易出现假阳性。目前广泛使用的多重 RT-PCR 检测技术,操作简单,节约时间,而且成本低、灵敏度高。目前多重 RT-PCR 检测技术已广泛应用于植物病毒检测。建立可同时检测多种病毒的检测体系,提取样本的 DNA 或 RNA,采用 PCR 或 RT-PCR 的方式,将病毒扩增几百万倍,并采用凝胶电泳成像方式,扩增出病毒基因片段。这种方法,检测灵敏度好,精度高,且检测速度快。

六　移栽炼苗

将经过脱毒检测结果合格的株系从瓶里移至组培苗驯化室进行炼苗。首先将瓶苗移至育苗大棚放置 5 天左右,培养瓶的瓶盖打开后再放置 2 天。选择傍晚或者温度较低的时候,洗去附着在幼苗根部的培养基,用 1 000 倍的多菌灵溶液浸泡 20 分钟。将消毒的甘薯脱毒苗放在床架上晾至种苗根部微干、发白,然后移栽至育苗基质上。育苗基质一般提前 3 天用 1 000 倍多菌灵溶液搅拌至土壤湿润但挤不出水的程度,然后用塑料薄膜覆盖备用。在清洗和移栽过程中尽量不要伤到幼苗根系,控制株间距 10 厘米左右。单株直接栽植于防蚜虫的大棚中。经过一段时间的繁育,可育成健壮的植株。

七　脱毒甘薯三级繁育体系

1.原原种种薯

将培养瓶繁殖的无毒苗栽入防虫温室或网棚中,采取严格的防毒措施和精细管理措施,生产原原种种薯。

2.原种种薯

将原原种苗栽于原种繁种田,及时喷施农药防治蚜虫等害虫并精细管理,生产原种种薯。

3.脱毒甘薯苗

将原种种薯在温室中培养长出的苗子即脱毒甘薯苗，直接用于大田生产。

▶ 第二节　健康种苗快速繁育技术

甘薯育苗主要以薯块育苗为主,也有利用越冬棚、春季暖棚进行苗繁苗等方式。育苗在甘薯生产中作为首要环节,通过选择合理的育苗方式和规范化的操作培育壮苗,运用透光增温大棚、种薯密排电热加温、苗床平膜拱膜增温、苗床去杂去病防控、纸册与假植以苗繁苗等技术培育壮苗。为甘薯生产早栽、抗旱移栽提供数量充足、优质健康的种苗,为甘薯最佳栽种期供应充足健康种苗,为甘薯丰产丰收打下良好基础。

从脱毒茎尖苗的培养到生产用种,一般需要3年左右。脱毒种薯在生产上连续种植几代后,由于病毒的再侵染,甘薯增产幅度降低,因而为了保证增产效果,就需要定期更换脱毒种苗。

一　育苗前准备

北方地区早春的气温较低,甘薯育苗企业和种植户在长期种植过程中创造出许多适于本地的育苗方法。在尽量短的时间内,尽量多地繁育薯苗以供生产上使用。适当的时机育苗,能不误时机地栽插到田。育足壮苗是高产的基础。一般年前就要考虑育苗,提早做好准备。

1.品种选择

选用优质高产的优良甘薯品种是甘薯丰产丰收的前提。种薯种苗企业一定要结合市场需求,选择经过审(鉴)定、登记的优良品种。跨薯区引种时,应先进行适应性鉴定,评价引进品种在本地区的适应性,避免盲目引种造成巨大损失。甘薯品种主要分为 3 种类型:淀粉型、鲜食及食品加工型、特用型。常见品种见前文第三章。生产者应根据需要选择相应的品种。

2.选种排种

薯种要求具有该品种的皮色、肉色、形状等典型特征的无混杂薯种,薯皮要鲜亮光滑,薯块较整齐均匀,无病无伤,没有受到冷害和渍害。提前计划好春薯和夏薯种植面积,以便准备种薯。每亩地的用种量因品种特性、育苗方法和育苗时间不同而有差别。一般情况下,满足 1 亩春薯地用苗需用种薯 50 千克左右,1 亩春薯采苗圃可以供 6 亩以上夏薯栽培使用。

为了节省种薯和育苗土地,苗床的宽度控制在 1~1.2 米。种薯用量因品种出苗量的不同而不同,萌芽性好、出苗量大的品种排种稀一些,反之则排密一些。一般情况下 24~25 千克/米²。为防止薯块带菌,排种前采用 50%多菌灵 500 倍稀释液温汤浸泡种薯,水温 54 ℃,时间 5~10 分钟。每个品种的薯块萌芽数相对固定,一般顶部最多,中部少一些,尾部最少。排种时采用首尾相连的方式摆放种薯,保证苗床出苗一致。薯种大小差别不宜过大,一般选择 100~250 克的薯块为宜,在排种时最好大小分开育苗。大薯块入土深些,小薯块入土浅些,使整个育苗池里的薯块上齐下不齐,上面处在一个水平上,可以保证出苗整齐。

3.苗床选择

选择地势高、肥沃疏松、有机质含量高、排灌方便、背风向阳的地块。尽量选择两年以上没做过苗床或种过甘薯的地块。如果是永久性苗床,育苗前要更新床土和消毒灭菌,避免土传病害传播。用作脱毒种繁育的基地,一定要远离甘薯种植区域,交通便利,排灌方便,土质为壤土或者沙壤土。繁育设施以日光温室为最佳,最低温度低于−10 ℃的地区,日光温室山墙及后墙厚度不应低于 50 厘米,后墙高 2.6 米,除了选用三防膜

（防老化、防雾滴、防雾）作为增温膜外，要有保温被或者草苫等保温设施，确保严寒季节薯苗生长正常。繁育种苗的日光温室，耕作时间选在11月下旬，通过深耕不耙的方式，实现冻垡晒垡，达到改善土壤结构，同时灭虫灭菌的目的。繁育种苗的日光温室谨慎施用含有重金属的畜禽粪便，以免造成甘薯出苗不整齐或者出苗后幼苗生长不良的现象。可选择施用生物菌肥（如有机质含量超过60%的木质素菌肥），提高土壤有机质含量，一般每亩施用量为100~150千克。甘薯苗期对磷钾肥需求较低，可适当施用磷钾肥培育壮苗，一般结合耙耢，每亩施复合肥（$N:P_2O_5:K_2O=26:5:5$）50千克，施肥要均匀一致，既要满足薯苗对肥料的需求，也要防止施肥过于集中造成的烧苗现象。

二 育苗方式选择

育苗方式多种多样，主要分为露地式、酿热物式、加温式和棚内早春育苗等四类。露地式育苗充分利用光热的气候条件，无须另外的设施，有阳畦育苗和起垄育苗等方式。酿热物式是利用牲畜鲜粪或是植物秸秆、落叶等在堆积过程中发酵产生的热量来提高苗床温度。加温式育苗有回龙火炕、三道沟、一火多炕和地热线育苗方式，用柴草或电力作为能量加热苗床。该种方式薯苗生长较快且壮，不受冬季气温低的限制；缺点是成本太高，管理相对复杂，使用较少。棚内早春育苗有单层膜、双膜覆盖和三层膜覆盖的育苗方式，均能达到加快薯苗生长的目的。大棚育苗有提高苗床温度、保持苗床湿度、薯块发芽快的优点，是当前甘薯育苗采用最多的育苗方式。见图3-3。

a 小拱棚育苗；b 大棚+地膜育苗；c 火炕大棚育苗。

图 3-3　甘薯育苗

三　苗床管理

苗床管理的基本原则是"以催为主，以炼为辅，先催后炼，催炼结合"。在温度、水分、通风和追肥上加强管理。

1.温度管理

在育苗过程中不同时期温度保持不同，育苗过程温度呈现分步下降的趋势。育苗前期要高温催芽。排种后，苗床土壤温度快速提高并保持在35~38 ℃，持续 3~4 天。一方面可以促进薯块伤口愈合，另一方面可以起到杀菌的作用。薯苗生长期适温长苗。高温催芽后，薯苗快速萌发，此时开始降温，苗床温度保持在 28~30 ℃，利于薯苗的快速生长。薯苗生长后期低温炼苗，在移栽大田前的 5~7 天，要把苗床温度降至接近大田，以提高薯苗适应大田的能力，提高移栽成活率。

温度是薯块萌发和薯苗生长最重要的影响因素，需要准确把握。温度过高易导致薯苗徒长，形成高脚苗，甚至烧苗；温度过低，则不利于薯块萌发，延长出苗和齐苗时间。测量土壤温度时，应将温度计下端插至种薯底部齐平位置，不宜过深或者过浅。采用地膜覆盖增温育苗的，在薯块出苗后应及时揭除地膜，防止午间高温烧苗。采用电热丝温床育苗时，要及时关注温度变化，避免局部温度过高。

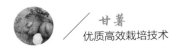
2.水分管理

水分是影响育苗质量的关键因素。水分不足,薯块萌芽缓慢,幼苗长势差;水分过多则易导致薯块坏烂,薯苗过嫩,病害加重。苗床水分的管理应依据薯苗不同生长时段对水分的不同需要来决定。排种后第一次浇水时要浇透,浇至出现明水为宜,出苗之前尽量少浇水或者不浇水。出苗后随着薯苗长势和土壤墒情适量浇水,齐苗后再浇 1 次透水。在采过一茬苗后不能立即浇水,要晾晒 1 天后再行追肥和浇透水,促进薯苗伤口愈合。在炼苗期和采苗前 2~3 天不要浇水,以培育壮苗。浇水的时间一般选择在上午进行,后期气温高的时候改在早晚浇。

3.及时通风

通风和晾晒是培育壮苗的重要条件。薯苗在长出地面之前,在高温高湿和少见阳光的环境里生长,组织脆嫩,经不住风吹日晒,遇到高温、强光和大风就会发生"干尖"现象。在出齐苗,新叶展开后,可选晴暖天气的上午 10 时至下午 3 时适当通风。在剪苗前 3~4 天,采取白天通风晾晒,起到通风、透光炼苗的目的。此外,育苗棚内高温高湿的环境易发生白绢病等菌核性根腐病,局部发病后向四周扩散。生产上应及时通风,降温降湿,降低此类病害发生风险。如遇病害发生,应及时拔除病株并销毁,挖出带病土壤,并用甲基硫菌灵、恶霉灵等药剂处理发病地块。做到及时清理,避免扩散。

4.追肥

薯苗生长前期,薯块养分足够薯苗生长,但随着种薯本身和床土中的养分供应日益减少,养分得不到充足供应,就需要额外给苗床追肥。追肥一般在剪苗后的第二天茬口愈合后进行。避免剪苗后立即追肥浇水造成的烧苗和病害侵染。追施尿素时每平方米不超过 25 克,追肥后立即浇水。有条件的,可采用微喷设施,追肥效果更加均匀一致。

四 剪苗

1.剪苗方法

当薯苗长到 25 厘米左右时,要及时剪苗并移栽到大田或采苗圃。如果剪苗过晚,薯苗拥挤,一方面下面的小苗难以正常生长,减少下一茬的出苗量;另一方面大苗会徒长,节间过长,不利于移栽成活。剪苗的方法有高剪苗和拔苗两种。高剪苗的优势是种薯上没有伤口,减少了病害感染机会,也不会拔动种薯损伤须根,有利于薯苗生长,还能促进剪苗后的基部生出芽,增加出苗量。生产上推荐采用高剪苗,忌用拔苗。

2.选择壮苗

培育壮苗是育苗的基本要求。壮苗的组织充实,茎部粗壮发达,栽后成活快,成活率高,抗逆性强,后期产量高。

薯苗粗壮,栽后发根返苗快,利于养分的积累而结薯早,加大了"库容量",为高产打下了物质基础。壮苗的标准:苗龄 35~40 天,百株苗重春苗1.0 千克,夏苗 1.5 千克左右,长度 20~25 厘米,苗粗 0.5 厘米,叶片肥厚、大小适中、色泽浓绿,茎叶都具有本品种的特性,汁液多,没有气生根,根原基粗大,无病虫害。

薯苗的壮弱除品种本身特性外,不同的育苗方式对苗质影响也较大。露地苗床有利于培育壮苗;其他类型的苗床,选择适中的薯块,适当稀排种,适当控制温度和肥水,及时剪苗栽插,避免苗等地。为达到培育壮苗的目的,火炕育苗和电热温床育苗应及时剪苗栽插到采苗圃。

3.建立采苗圃

运用快繁技术,从种薯上剪下一株薯苗移栽到快繁基地进行快繁,到集中供应给种植户大面积移栽时可繁育 4~6 株薯苗,种薯的繁育系数提高了 4 倍以上,节约了 75% 的种薯用量。生产中应增加繁殖倍数,减少脱

毒种苗繁殖代数,在脱毒种薯种苗受到病毒再次感染前尽快应用到生产上。采用一年制甘薯脱毒种薯繁育技术,从试管苗到生产用种当年可完成,大大缩短了种薯繁育周期,减少了病毒感染机会。甘薯脱毒种薯种苗大棚双季快繁技术,利用试管苗当年生产原原种。第二年春秋两季在大棚内生产脱毒种苗,可有效缩短脱毒种苗繁育周期,提高脱毒种苗质量。

五 种苗运输

目前国内甘薯苗的运输现状以短途运输为主,直接从育苗基地到地头,或是边剪苗边运输边栽插,对种苗的运输要求不高。随着交通的日益快捷方便,出现了大量春季南方大田蔓头苗向北方运输,秋季北方大田蔓头苗向南方运输的方式,这种蔓头苗壮且成活率高,但对种苗运输的要求高,且易传播甘薯病虫害,出现南虫南病北移、北虫北病南扩的现象。

1.病毒抽检

避免种薯种苗在流通过程中的交叉感染,对剪苗田进行带毒苗抽检,对甘薯防疫病虫害抽检,防止南、北方病虫害的跨区域发生。

2.预冷过夜

满足种苗跨省区长距离运输需求,需要在运输前进行预冷,预冷温度控制在 5~10 ℃,可以放置于保鲜库或是地窖内,凌晨快速装车运输。

六 繁苗田病虫害综合防治

常见的刺吸式口器害虫烟粉虱和蚜虫是造成甘薯病毒病(SPVD)等病毒病传播的主要方式。在苗床和繁苗田上要及时防治。生产上可采用棚内悬挂黄色粘虫板的方式进行物理防治,也可用 10%吡虫啉可湿性粉剂 1 500 倍液与 4.5%高效氯氰菊酯乳油 2 000~2 500 倍液混合喷雾防

治。收获时尽量减少机械损伤,降低病害侵染概率。

▶ 第三节 健康种薯快速繁育技术

传统的三级繁育和供种体系甘薯脱毒种薯种苗的培育主要包括茎尖培养、病毒检测、脱毒试管苗快繁以及原原种、原种和良种繁育等几个环节,脱毒薯苗与原品种带毒苗相比,具有地上部长势旺、薯块产量高的特点。

一 脱毒种薯的繁育条件

一般须具备以下条件:第一,种苗必须是脱毒试管苗;第二,必须在防虫网室内生产,以减少介体昆虫传播病毒的机会;第三,所用地块必须是无病原土壤,最好选用多年未栽种过甘薯的地块。利用原原种的种苗在隔离条件下生产的种薯称为原种。原种繁殖田要求有一定的空间隔离距离,繁殖田周围不能种植普通带毒甘薯,所用田块为无病土壤。用原种种苗在普通大田条件下生产的种薯为良种。一般把原种和良种应用于大田生产,因此原种和良种又称为生产用种。

二 严格繁种田隔离措施

1.与侵染源隔离

脱毒甘薯繁种田不要靠近非脱毒甘薯田。清除繁种田周围杂草,特别是旋花科等甘薯近缘植物。

2.与传毒介体隔离

可采用空间隔离措施,最优的选择是采取异地繁种的方法,可在宁夏、陕西等适宜甘薯种植的冷凉地区繁种。这些地区烟粉虱发生相对较

轻,带毒率较低,有利于提高脱毒种薯的繁育质量。也可在丘陵山区繁育种薯,利用自然屏障减少昆虫介体的传毒,也可利用防虫网等物理隔离防控繁种田烟粉虱。

三 加深耕层

脱毒薯根系发达,耕层深厚能吸收更多的养分和水分,这是夺取高产的基础。甘薯约有80%的根分布在30厘米以内的土层里。25厘米以下土层通气性差,不利于薯块膨大。5~25厘米深的土层是脱毒薯生长比较适宜的环境。耕层深度以25~30厘米为好。高产脱毒薯田,除要求土层深厚、疏松以外,还要肥沃,才能源源不断地供给脱毒薯所需的养分,使其地上部和地下部协调生长。尤其需要重视的是,甘薯多种在旱薄地上,土地耕层浅、缺乏养分的现象比较普遍,而甘薯又是吸肥力很强的作物,因此,补充养分十分重要。

四 配方施肥

因为脱毒不改变种性,栽培技术与大田栽培基本相同。但脱毒甘薯生长势旺盛,应注意少施氮肥,增施磷钾肥和有机肥。氮磷钾的比例为2:1:3。

五 把好栽插质量关

1.提前育苗

脱毒薯萌芽性好,出苗提早1~2天。且产苗量多、质量好。为确保适时早栽,达到一茬栽齐,脱毒薯要早育苗、多育苗、育壮苗。

2.选用壮苗

要建立原原种苗圃和原种苗圃,在运输脱毒苗时,要注意轻装、轻放、轻运,保护好脱毒苗不受损伤。

3.足墒栽插

夏薯栽插,一定要足墒栽插。墒情差的应浇好窝水,达到栽一棵活一棵。栽前应用磷酸二氢钾或甘薯膨大素浸苗,提高成活率,早扎根,早结薯。

4.合理密植

脱毒薯应夏栽,栽采苗圃剪下的蔓头苗,短蔓型品种栽植密度可稍大,中蔓型品种栽植密度要小些。脱毒薯茎叶生长繁茂,必须根据不同品种和栽培条件确定合理密度。根据肥地宜稀、薄地宜密的原则,在发挥群体增产的基础上,充分发挥单株增产潜力。一般栽植密度,高肥力地块每亩栽 3 000 株,中等肥力地块每亩栽 3 500 株,薄地每亩栽 4 000~4 500 株。

5.加强田间管理

(1)查苗补缺。一般栽后 2~3 天开始查苗补苗,做到随查随补。补苗过晚苗株生长不一致,大苗欺小苗,起不到保苗作用。补苗应当选用一级壮苗,补一棵,活一棵。补苗时要避开烈日照晒,选择下午或傍晚进行。最好在田边地头栽一些太平苗(备用苗)。补苗时,连根带土一起挖,栽后要浇水,以利成活。同时要查清缺苗原因,如果是因地下虫害造成缺苗,要用毒饵诱杀防治虫害,因土壤水分不足造成的缺苗,应结合补苗浇水保证成活。

(2)中耕除草。中耕一般在生长前期进行,宜早不宜迟,第一次中耕时要结合培土,使栽插时下塌的垄土复原。中耕 1~2 遍后,每亩用 12.5%精喹禾灵 60~90 毫升,对水 40~50 千克,禾本科杂草二叶期至三叶期,在早晚喷施,注意中午或高温时不宜施药。喷药时防止飘移到禾本科作物上。

(3)及时追肥。追肥宜早不宜迟,一般栽后 30~40 天为宜。土壤养分的适宜含量为水解氮 40~50 毫克/千克,速效钾 120 毫克/千克,速效磷 20 毫克/千克。要慎重使用氮肥,防止徒长;要增施钾肥,促使薯块膨大。高产田脱毒薯苗团棵期,每亩增施硫酸钾 15 千克左右,过磷酸钙 25 千克以

上为宜。追肥应以前期为主,确保前期肥效快,促苗早发,中期肥效稳,保持茎叶健壮不徒长,后期不早衰。

(4)控制旺长。脱毒薯生长旺盛,分枝多而壮,地上部容易旺长。化学控制旺长,是一项行之有效的增产措施。每亩用15%多效唑80克,对水70千克,在团棵期和封垄期各喷1次,控制脱毒薯旺长。

(5)喷施叶面肥。甘薯生长后期,根部吸收能力减弱,可喷施叶面肥,喷肥种类因长势而定。一般茎蔓长势弱的丘陵坡地、平原沙薄地或有早衰表现的田块,可喷施0.5%~1%的尿素溶液;茎叶长势偏旺,可喷0.3%~0.4%的磷酸二氢钾溶液或2%~3%的过磷酸钙浸出液,还可喷2%的硫酸钾溶液或5%~10%的草木灰水;一般田可喷氮、磷、钾混合液,如喷尿素和磷酸二氢钾溶液75~100千克,10~12天喷1次,共喷2次。

(6)加强种薯质量和烟粉虱的监测。定期对烟粉虱发生情况和带毒率进行调查和检测,根据烟粉虱发生量和带毒率及时对种薯质量进行预警。在甘薯生长期、收获期调查取样,对田间甘薯植株显症率、病毒种类及种薯带毒情况进行检测,当发现褪绿矮化病毒和甘薯双生病毒等病毒病发生时,应及时对种薯质量发出预警,避免不合格脱毒种薯种苗流入市场。

(六)种薯的收获与储藏

种薯应在下霜前完成收获,以免受冻,影响储藏。收获和运送时要尽量避免机械和人为造成的损伤,做到"四轻五防",即轻刨、轻装、轻运、轻放和防霜冻、防雨淋、防过夜、防碰伤、防病害。

储藏前要将病薯、杂薯、烂薯、伤薯和小薯挑出再入窖。入窖前用消毒液对储藏窖消毒后再下窖,降低病害发生概率。储藏过程中要及时关注温、湿度变化,适时通风。一般温度10~13 ℃为宜,湿度80%~95%为宜。

第四章　甘薯高产高效栽培技术

▶ 第一节　淀粉加工型甘薯高效栽培技术

甘薯不仅是重要的粮食作物,还是重要的淀粉加工原料作物和能源作物。甘薯光合能力强,单位面积的淀粉产量远超一般谷类作物,是生产淀粉的主要原料作物。

一　品种和种苗选择

选择耐水耐肥性好、抗病性强、淀粉含量高、淀粉品质优、适应性强的高淀粉型甘薯品种,如商薯 19、渝薯 27 等国家审(鉴)定、登记品种。

健康壮苗培育详见第三章第二节。

二　适时早栽

淀粉型甘薯要适期早栽,可以延长甘薯生长期,生成的薯块大,淀粉含量高,质量好。春薯以 5~10 厘米地温达到 15 ℃时为适宜栽插期,一般在 4 月中下旬开始栽插,最晚不晚于 5 月上旬。夏薯生长期短,要力争早栽。要选择茎蔓健壮、叶大节间短、无不定根、无病虫害甘薯苗移栽到大田中,确保后期正常生长发育,提升整体产量。

(三) 合理密植

栽插之前先起垄,一般垄顶宽不能低于 20 厘米,垄高 25~30 厘米,垄背上不能有大坷垃或凹凸不平, 垄距 90 厘米左右。在移栽薯苗前,用 400~600 倍的 ABT 生根粉 5 号药液浸泡薯苗基部 2~3 个节,浸泡 5 分钟,可以促进薯苗早发根。栽植时将甘薯苗的中间部位压入土壤,甘薯苗头尾翘起,形同船形,地上留 3~4 片叶。一般株距 20~30 厘米,每穴 1 苗,留苗 3 000~3 500 株/亩。夏薯可以适当密植,留苗约 4 000 株/亩。

(四) 科学施肥

当前甘薯生产中主要采用以基肥为主、追肥为辅的施肥方法。基肥的种类以化肥、农家肥居多,新型的肥料有腐殖酸肥和生物菌肥等。在基肥的施用方法上, 一般地块春薯应在春耙后每亩施用 1 500~2 000 千克完全腐熟的农家肥,配合 30%腐殖酸型复合肥或 45%硫酸钾复合肥(15:15:15)40~50 千克,50%硫酸钾 15~20 千克作为基肥。常年不进行秸秆还田的地块可以适当增加施肥量。根据农家肥与化肥的不同特点,应采取分次施肥。农家肥应该在冬耕后立即施入,化肥在起垄前撒施 2/3,起垄后条施 1/3,以利培肥地力。在施肥方式上,农家肥随耕地撒施,化肥在起垄时顺垄条施,肥料离垄面 10~15 厘米。夏薯生育期相对较短,可根据地力适量减少施肥量。

传统化肥能为甘薯生长提供需要的营养,生物菌肥能改善土壤的微环境,腐殖酸肥则可以为微生物提供养分,间接改善土壤的微环境。3 种肥料的作用相辅相成,配合施用效果最佳。

五 田间管理技术措施

1.浇足定根水

移栽后要立即浇"定根水",确保薯苗与土壤充分结合,提高大田成活率,争取实现一播全苗。栽种后覆黑色地膜有保温保湿的作用,还可以有效抑制田间杂草生长,增产效果显著。

2.查苗补苗

甘薯插后常因干旱、病虫危害或栽插不当等造成缺苗断垄现象。因此,在插后一周内,要及时查苗,清理弱苗、病苗、死苗,及时补栽壮苗,补苗时应连根带土一起栽植,对补栽的薯苗要实行重点管理,赶上前苗。

3.中耕培土

在薯蔓封垄前,土壤裸露,易板结也易滋生杂草,中耕是这一阶段特别重要的管理措施,一般进行2~3次。薯苗成活后进行第1次中耕,中耕深5厘米隔10~15天再中耕1次,在封垄前完成第3次中耕,中耕深2~3厘米。田间杂草较多的,可用盖草能70~100毫升对水50千克喷雾进行化学除草。

4.秧蔓管理

各地都有翻蔓的传统习惯,以便拉断不定根,避免长成小薯,同时便于除草。翻蔓容易造成人为机械损伤和叶片重叠,降低光合效能,同时拉断了不定根,减少了水分和养分的吸收,同样制约生长,造成减产。因此,在茎蔓管理上要改变传统习惯,做到不翻蔓,必要时可以提蔓,提蔓也要尽量轻拿轻放,减少茎叶损伤。提蔓一般在7月中旬至8月下旬。

5.及时化控

栽插后45~60天,进入块根膨大期时如遇地上部徒长,每亩喷施25~30克5%的烯效唑粉剂(对水30千克),隔5天再喷施1次。或者2 500毫

克/千克的矮壮素,每亩喷施 50 千克,可以控制茎蔓徒长,促进块根膨大,提高产量。如遇甘薯叶片早衰,可用 0.3%磷酸二氢钾或者 0.5%尿素喷施,每亩喷施 20 千克,隔 7 天再喷施 1 次。延缓叶片衰老,延长光合作用时间。

6.病虫害防治

对于甘薯病虫害的防治,应该贯彻"预防为主,综合防治"的植保方针,将农业、物理、化学、生物等多种手段结合使用,并尽量控制农药使用次数和剂量。主要的防治措施有以下几个方面。

(1)农业防治。选用抗病品种,实行合理轮作,对于甘薯病虫害发生严重的地块要实行 3 年以上的轮作倒茬。甘薯生长过程中注意清洁田园,认真清理田间杂草,及时拔除病株。

(2)物理防治。利用害虫的趋光性和趋化性诱杀和人工捕杀害虫,如利用黑光灯诱杀甘薯天蛾和斜纹夜蛾等,利用泡桐叶或者糖醋液诱集地老虎等。

(3)化学防治。地上害虫以控为主。蚜虫可以用高效氯氰菊酯、吡虫啉等喷雾防治,红蜘蛛可以选用哒螨灵、联苯菊酯、阿维菌素乳油等防治,注意甘薯叶片背面也要喷到。甘薯天蛾、甘薯麦蛾和斜纹夜蛾等要注意在幼虫盛发期及时喷药,选用低毒农药如高效氯氰菊酯、甲氨基阿维菌素等单剂或混配防治。

甘薯病害主要有黑斑病、根腐病和茎线虫病。育苗前用 500 倍多菌灵药液浸泡种薯,可有效防治黑斑病和根腐病。甘薯苗栽植前采用药浆蘸根,可有效防治甘薯茎线虫病。药浆配制方法:每亩用 30%辛硫磷微胶囊剂 2 千克,农药稀释 5 倍后,加入适量泥土,搅拌成泥浆状。蘸根晾晒 15 分钟后栽插。注意事项:蘸根时要蘸到薯苗伤口以上 10 厘米,不得蘸在叶片上,蘸后的甘薯苗不得直接放在地上,随蘸随种,不可过夜。

(4)生物防治。防治地下害虫如金针虫、地老虎、蛴螬等可以用 0.5%

苦参碱水剂300~500倍液灌根。防治蚜虫可以用0.5%苦参碱水剂1 000~1 500倍液喷施。防治甘薯天蛾、斜纹夜蛾、甘薯麦蛾可用16 000 IU/ml苏云金杆菌可湿性粉剂，每亩用100~150克。

六 适时收获

1.适时晚收

收获过早，会缩短薯块积累干物质的时间，其产量和淀粉产出率降低；收获过晚，易遇到冻害，薯块会造成淀粉的糖化，使淀粉含量下降。加工用淀粉型甘薯不存在储藏问题，在出现糖化前和不影响下茬作物种植的前提下越晚收获，效益越高。一般于霜降前收完。见图4-1。

2.及时加工

淀粉型甘薯最好是边收获边加工，来不及加工的要注意降温，减少呼吸作用，及时加工处理。

图4-1　淀粉型甘薯商薯19收获

第二节　鲜食及食品加工型甘薯高效栽培技术

一　良种选择

根据各地多年形成的产业加工特点和市场销售渠道，结合本地的土壤气候条件，选择高产、优质、抗病、耐储藏的优质鲜食型甘薯品种，如烟薯 25、普薯 32、龙薯 9 号、济薯 26 等。种薯质量参照相关标准执行。异地调种时，应注意检查病虫害，防止外地病虫害入侵。

二　旋地整地

选择地势平坦、土壤疏松、排灌方便、有机质含量高的地块，以沙性地和沙壤土为宜。播前对土壤进行深翻，深度 25~30 厘米。春薯地块尽量秋天整地，通过冬季低温，可冻死地下虫卵，防止其在土壤里越冬。同时，通过阳光长时间照射，改善土壤的理化性状和结构，达到改良土壤结构的目的。

起垄前施足基肥，注意有机肥和化肥搭配使用，有机肥宜在旋耕前撒施，复合肥随起垄机条施。鲜食型甘薯应重点防治地下害虫，提高薯块商品率。起垄时随机器条施防虫药剂。每亩施用 30% 的辛硫磷微胶囊，或毒死蜱和辛硫磷复配剂。

三　培育壮苗

健康壮苗培育详见第三章第二节。

大田苗长势健壮，生根快，成活率高，近年来生产上应用较多。采用大田苗移栽时，应注意病虫害检测，避免因薯苗运输造成病虫害的远距离传播。

（四）适时定植

当地下 5 厘米处温度稳定在 15 ℃左右时，即可适时移栽。高产鲜食型甘薯多采用大垄双行膜下滴灌模式，垄宽 110~120 厘米，"品"字形栽插，或是垂直于垄横向栽插。也可以采用垄宽 85~90 厘米，单行栽插。覆膜栽培一般比露地栽培早 7~10 天。移栽时采用平栽法，地上留 3 片叶，顶芽露出地面约 4 厘米，其余叶片埋入土中，覆土深度约 7 厘米。鲜食型甘薯密度要适当提高，增加结薯个数，减少特大薯个数。春薯每亩保苗 4 500 株左右，夏薯每亩保苗 5 000 株左右。这种平栽法土中留 4 节，每节均能形成根系并分化根块，促进甘薯根系生长，增加块茎分化数量，同时可以控制特大薯块的形成，保证商品薯形的统一。露地栽培后应立即喷施除草剂封闭，降低杂草生长危害。

（五）加强田间管理

1. 及时补苗

移栽 5~7 天之后，要观察薯苗生长情况，对缺苗或生长欠佳的地块，及时进行补苗，确保植株生长一致。

通过膜下水肥一体化，将水、肥、药一体施入，能够平衡各生育期需求，省水省肥省药，节本增效。在栽插期浇充足的水分，能有效保证薯苗成活率，减少补苗。布设水肥一体化设施，主管采用 650 毫米 PE 管，滴灌带选用 16 毫米双翼迷宫滴灌带，地膜选用 0.01 毫米黑色地膜。人工栽苗应在移栽后顺垄铺设滴灌带，然后覆膜放苗，用土压实地膜四周。也可使用机械一次性完成起垄、铺滴灌及覆膜后再栽插薯苗。注意膜与膜之间要留有空隙，利于雨水下渗。

2.科学施肥

甘薯是喜钾作物。钾肥可促进植物干物质积累,促进养分从地上部向地下部转移,抑制地上茎蔓徒长。鲜食型甘薯底肥可施用硫酸钾型的高钾复合肥,追肥主要以氮肥为主,少量搭配生长调节剂。施肥采用"肥地稀施、薄地密施"原则,抓好苗期、膨大期两个关键时期,优化水肥供应。每亩基施复合肥(N:P₂O₅:K₂O=10:10:20)60 千克+腐熟有机肥 2 500 千克。结合膜下水肥一体化设施,每亩追施硫酸钾 10~15 千克或磷酸二氢钾 5~10 千克,达到浇水与追肥双重目的。不具备水肥一体化条件的,可在甘薯生长后期叶面喷施 0.3%磷酸二氢钾和 0.5%的尿素,连续喷施 2~3 次,每次间隔 7 天。

3.秧蔓管理

甘薯遇到温度高、光照足、土壤墒情好时,容易出现旺长趋势,具体表现为薯叶变大、主茎变细、叶柄距离变长等,需要采取控旺管理。鲜食甘薯整个生育期一般需要控旺 2~3 次。由于品种和气候的复杂性,具体控旺次数根据田间长势而定。控旺措施主要有控水、提蔓摘心、翻藤割藤、喷施生长调节剂(化控)等,不同的控旺措施可以产生不同的效果。一是控水,适当的停水可以降低土壤湿度,减少甘薯对氮肥的吸收,控水的同时不再进行化控;二是提蔓摘心,当藤蔓长 50 厘米左右,可以通过提蔓阻断地上不定根,通过摘心破坏顶端优势,从而促进营养向地下部转移,此时可进行轻度化控;三是翻藤割藤,一般在封垄后使用,要控制好翻割的程度,避免因过度翻割而造成减产,此时可进行化控。甘薯控旺要根据长势和气候灵活进行,早控勤控,做到统筹兼顾,最终实现增产的目的。

4.病虫害防治

鲜食型甘薯对病虫害防治的要求较高,出现病斑或是虫眼将严重降低甘薯的商品性,直接降低销售价格。鲜食型甘薯主要病害有黑斑病、黑痣病、根腐病、茎线虫病等，主要虫害有蛴螬、金针虫、叶甲等。

甘薯病虫害综合防治要坚持"预防为主、防治结合"的方针。主要措施：一是选择抗病虫害品种及脱毒种苗；二是及时清理病残体，在田间管理时，发现病株要及时清理，并进行土壤消毒；三是实行轮作，可与大豆、高粱等作物轮作；四是施用的农家肥一定要进行充分腐熟，减少虫卵残留；五是生物防治和化学防治相结合。

防治时可以分期施药，旋耕前施用一遍防治病虫害的药，在病害易发期提前使用预防，在成虫产卵孵化期再次施用防治地下害虫的药，覆盖地膜滴灌的可以随浇水一起施用，未使用地膜的可用黄沙作为载体拌药雨前撒施。

六 适时收储

1.视效益确定收获期

鲜食型甘薯季节性强，旺季市场供应过剩，淡季供应不足，导致甘薯价格波动大，影响农户利益。鲜食型甘薯应结合市场行情，适时早收。晚收甘薯通过科学储藏，错期销售，延长销售周期，也能够提升甘薯效益。

2.入库前准备

甘薯入库前，储藏库要彻底清扫干净，用生石灰或硫黄熏蒸消毒，硫黄 50 克/米³，封闭 2~3 天，以消灭潜伏在库（窖）内的病菌。熏蒸时，注意多点熏蒸，不留死角。

鲜食型甘薯水分多，收获和搬运时容易受损伤，这种损伤极易造成病菌侵染而导致腐烂。因此，甘薯储藏前要先进行筛选，剔除烂薯、冻薯、病虫伤薯。

3.愈合处理

高温愈合技术不仅可以促进薯块伤口愈合，提高耐储性，还可以促进

薯块糖化,提升甘薯的口感和色泽,是鲜食甘薯储藏的关键技术之一。具体做法是:在甘薯入窖 3 天内将窖均匀加热至 35~38 ℃,保持 3~4 天促进伤口愈合,然后尽快将温度降至 12~13 ℃。对于在雨季收获的甘薯进行高温处理可促进薯块的呼吸作用,释放过多的水分,大大提高耐储性。使用高温愈合技术时,应使温度均匀变化,避免局部温度过高伤害薯块。

4.适时出窖

鲜食型甘薯没有休眠期,储藏需要控制温度、湿度和含氧量。传统的地窖储藏很难对这 3 个要素进行控制,极易造成鲜食型甘薯的腐烂变质,储藏时间较短。采用恒温库、气调库等方式可以较长时间储藏鲜食甘薯。相关研究表明,鲜食型甘薯在温度 11 ℃、湿度 80%~90%、含氧量不低于 5% 的储藏条件下,储藏 5 个月后,商品薯率保持 90% 以上。根据市场行情,适时出窖,以获得较好的效益。

▶ 第三节　菜用型甘薯高效栽培技术

一　选用良种

甘薯品种很多,并非都可用于菜用栽培。作茎菜用栽培的品种要求茎尖产量高、粗壮、光滑无茸毛、肉质嫩滑且味儿甜,植株生长强旺,株型半直立,分枝中等,抗性强。如福菜薯 18、薯绿 1 号、广菜薯 5 号等。这些品种生长势强,地上部茎叶产量较高,每亩茎叶产量 2 000 千克左右,且品质较好,适应性强,综合性状优,是茎尖菜用甘薯的首选品种。

二　育足壮苗

长江中下游薯区采用常规温床育苗方法,一般在 1 月底至 2 月中旬排种,采用大田盖膜育苗方法,一般在3月中旬前后排种。排种前用50%甲基托布津可湿性粉剂1 000倍液浸泡10分钟。菜用型甘薯茎干娇嫩,栽插前要注意充分炼苗,保证栽插成活率。

南方薯区除采用常规温床育苗以外,还可采用老蔓越冬育苗法来培育甘薯幼苗。具体做法是:秋天在种植藤薯的田块中,选择健壮的甘薯植株,定植或假植越冬;翌年春天勤追水肥,特别是氮肥,待薯苗成长起来后剪苗栽入大田中。此种育苗方法特别适合于茎尖菜用甘薯,一是节约种薯,降低生产成本;二是出苗较早,采苗也较早,可适当提早大田移栽期,相对延长甘薯的大田生长期,可增加茎尖的采摘次数与产量。

三 选地与整地

宜选择交通便利、土层深厚、肥力较高、排灌方便的无病地块,土壤类型以沙土、壤土为宜。田地、水源必须无污染且远离污染源2千米以上。

冬天深耕冻垡,春天复耕整平,清理杂草。整地做畦前施足基肥,每亩应施无污染腐熟肥2 500~3 000千克,或浇施腐熟粪肥3 000~4 000千克,生石灰50~70千克,过磷酸钙40~50千克,耕耙2~3次后按需整成畦备用。畦面宽100~120厘米,沟深20~25厘米,沟宽30~35厘米。

四 栽培方式选择

茎尖菜用甘薯露地栽培周期较长,长江中下游薯区一般4月中下旬至7月中旬栽插,南方薯区一般4月中旬至8月中下旬栽插。采用设施大棚栽培可一年四季栽种。栽培方式有以下2种。

1.茎蔓移栽方式

采用茎蔓栽插法。当种苗长度达到30厘米时即可剪苗移栽,剪苗前应充分炼苗,剪苗时选择节间短、粗壮、无病虫害的健康薯苗。采用直栽

或者斜栽的方式,薯苗入土3个节左右,株距15~25厘米,每亩栽12 000~20 000株,具体因品种特性而定。

2.大棚薯块直播方式

菜用型甘薯可用薯块直接播种生产。此法栽培不仅采摘量高,而且间隔期短,可实现全年供市。栽培时先施足基肥并耕耙,后做80~100厘米宽的畦,排种量为10~15千克/米^2,再用疏松肥沃土盖住薯块并浇适量水。甘薯茎蔓在15~40 ℃都能生长,大棚内温度以18~30 ℃为宜,最适温度25~28 ℃。

薯块直接播种生产的优点是减少育苗和栽插环节,节省成本,缺点是用种量大。有条件的生产者可联合科研院所开展菜用甘薯茎尖组织培养,获得无毒组培苗,用无毒组培苗培植和扩繁种薯,获得足量的种薯,满足生产需求。一般在3月上旬准备好扩繁种苗,以便适时种植。

（五）采摘及田间管理

1.及时补苗

一般栽插,要求尽量一次全苗。若发现缺苗,要及时补足。

2.打顶促分枝

通过摘心,能有效控制蔓长,促进分枝发生,并使株型疏散,改善植株群体受光条件,增强群体光合效能。一般栽后15天,主蔓长20厘米左右,应及时打顶,以促分枝。分枝长度达15~20厘米时开始采摘上市。采摘用剪刀剪取,一般剪取的茎尖长10~15厘米,留2~4个节间以利增加分支。第一次采摘在栽后的25~30天进行,以后每天都应采摘,循环进行。

3.中耕除草

薯苗成活后至采摘前,畦面杂草应及时清除。一般结合中耕进行,达到清沟理蔓、疏松土壤的作用。中耕深度一般在10厘米左右。

4.水肥管理

每次茎尖采摘和修剪后要及时浇水追肥,施肥与浇水同时进行,以免产生肥害。一般每亩施10~15千克尿素。浇水可以采用喷灌或者畦沟漫灌。漫灌时水面不高于沟深1/2处,即灌即排。大棚种植应经常喷水,2天1次。保持畦面湿润,但不能积水,降雨时则需要注意排水防涝。

5.病虫害防控

选用抗病品种,实行水旱轮作可以有效降低病害发生风险。栽插前使用50%多菌灵高倍液进行土壤消毒。虫害较轻时可采用粘虫板、黑光灯捕杀,虫害较重时应采用化学药剂防治,如0.5%甲氨基阿维菌素苯甲酸盐乳油。

此外,每次茎尖采摘后应加强田间管理工作,采摘当天不宜立即浇水施肥,以利植株伤口愈合,防止病菌从伤口侵染植株。修剪的枝叶及病株要及时清出。

六 留种越冬

菜用甘薯留种越冬有种薯越冬保存和藤蔓大棚越冬两种方式。采用种薯越冬时,一般在霜降前完成种薯收获,剔除病、杂、坏、烂薯块后入窖保存。薯块储藏期间应注意通气、保温,冬季要保持窖温在10~13 ℃。采用藤蔓大棚越冬时,应在气温降至15 ℃前将藤蔓移栽至大棚内保苗,棚内温度应控制在15 ℃以上。南方薯区也可采用生产田覆盖薄膜的方式,直接保存藤蔓。

▶ 第四节　甘薯覆膜栽插技术

地膜覆盖栽培具有保水保墒、提高土壤地温、改良土壤结构、提高养分利用率、抑制杂草生长的作用,广泛应用于春甘薯生产中。随着地膜的

更新换代,尤其是可降解地膜的应用,有效解决了传统地膜的污染问题,甘薯地膜覆盖栽培技术在春薯和提早上市的鲜食型甘薯生产中的应用越来越多。见图 4-2。

图 4-2　春甘薯覆膜栽培

一　甘薯地膜覆盖的益处

1.提高种植收益

通过地膜覆盖栽培,淀粉型甘薯的产量可提高 10%~20%,鲜食型甘薯的上市时间可提前 15~20 天,显著提高了甘薯种植收益。

2.有效防除杂草

通过地膜覆盖,尤其是黑膜覆盖,可以有效减少甘薯垄内的杂草,显著减少除草用工用药成本,减少农药用量。

3.保温保湿促缓苗

地膜覆盖有利于垄内的保温保湿。采用覆膜种植的甘薯早期缓苗快,分枝结薯早,而且甘薯苗生长健壮、叶片发达,为甘薯块根生长提供了良好的条件。甘薯生长中期能达到保温保湿的作用,有效促进块根膨大,提高薯块商品性,促进甘薯增产增收。

二 地膜选择

1.白膜

白膜成本低,土壤升温快。覆盖透明的白膜成本更低,并且土壤增温比较快,栽插时易观察,不会破坏水带,缺点是不能抑制垄内杂草生长。

2.黑膜

黑膜透光率只有 1%~3%,热辐射只有 30%~40%,膜下杂草不能进行光合作用,抑制杂草效果显著,更适合一些容易生杂草和锄草困难的田块。并且,黑膜的保肥能力和保水能力都要优于白膜。黑膜覆盖,土温基本处于平稳状态,土壤中的有机质、钾、氮、磷等营养指标,都比白膜覆盖有不同程度提高。因为热辐射低和透光差,所以保水性能更强,特别适合干旱少雨的地方使用。缺点是栽后覆膜易伤苗。

3.黑白膜

中间 10 厘米左右为白膜,两边为黑膜,兼具黑膜和白膜的优点,价格稍贵一些。由于方便栽插和良好的抑制杂草效果,目前生产上使用较多。

4.银黑膜

银黑膜能提高反射光的利用率,提高光合作用效率,增加甘薯的产量。银黑膜的光反射性比较强,具有驱除蚜虫和蓟马的作用,并能减少毒素的产生。

5.可降解地膜

可降解地膜降解速度快、残留量低。缺点是目前使用成本偏高。以双降解膜、全生物降解膜为代表的绿色地膜在作物生长后期机械性能大幅下降,减少旋耕等农事操作将其带入深层土壤中造成的环境污染,降低捡拾地膜的人力投入,起到了生态效益和经济效益兼顾的效果。

（三）覆膜方式选择

甘薯覆膜栽插，可在栽插前覆膜，也可栽插后覆膜将薯苗放出。一般以栽插前覆膜居多。在生产中，为减轻劳动强度，一般采用机械起垄、覆膜，可分步操作，也可一体化同步完成。具备滴灌条件的，还可同时完成膜下滴灌铺设工作。

（四）覆膜栽培与田间管理

1.地块选择

选择土壤耕层深厚、土质疏松、排灌方便的沙性土壤种植，最好为生茬地。春薯地在上一年度入冬前深耕冻垡。覆盖地膜前必须有适宜的土壤湿度，否则干旱年份，覆膜反而会造成减产。

2.整地施肥

耕前深翻，去除杂草，将有机肥和化肥结合作为基肥施用。一般肥力地块施腐熟有机肥 2 000~3 000 千克/亩、硫酸钾型复合肥 20~40 千克/亩，低肥力地块适当增加施肥量，高肥力地块少施或不施。防治地下害虫，可选用辛硫磷和毒死蜱颗粒剂 5 千克/亩，随基肥一起撒施。垄宽 80~100 厘米，垄高 35 厘米左右。

3.覆膜早栽

提前育足健康壮苗，一般 4 月底至 5 月初谷雨前后气温合适即可插栽。薯苗栽插前用 600 倍的甲基托布津浸泡基部 10 分钟。栽植密度根据品种特性可适当调整，加工用品种春栽宜稀植，鲜食型品种宜密植，一般为 3 500~5 500 株/亩。选择长势健壮脱毒苗，鲜食型甘薯宜采用平栽方式，加工用甘薯宜采用斜栽方式，将薯苗 2/3 插入土中，栽插深度以 5~6 厘米为宜。先栽插后覆膜时，应选择栽后第二天薯苗柔软时用手指将苗引出,及时封口盖实。先覆膜后栽插时,应栽后立即盖土封口,防止高温灼苗。栽插过程中,务必浇足水分,保证全苗。

4.水分管理

薯苗栽插后遇干旱天气应及时灌水保苗,灌水深度以不超过垄高 1/2 为宜。建议采用"跑马水"浸润灌溉,即灌即排。如后期遇连续强降雨,应及时清沟排水,避免发生渍涝灾害。

5.防虫与控旺

生产中一般不翻蔓,在雨水较多、甘薯茎叶生长过旺的时候可以适当提蔓。或采用化学药剂防控,每亩用烯效唑有效成分 36 克对水 30 千克均匀喷施,连续喷施 2 次,每次间隔 1 周。中后期如遇斜纹夜蛾、蚜虫等地上部害虫,可采用诱虫灯、粘虫板捕杀,或者用 4.5%高效氯氰菊酯2 000 倍液和 10%吡虫啉可湿性粉剂 1 500 倍液叶面喷施。

6.收获与储藏

根据薯块用途适时收获。鲜食型甘薯根据市场行情择机收获。加工用甘薯如淀粉用甘薯、色素加工用甘薯等宜适时晚收,提高产量。留种用甘薯应在下霜前选择晴好天气收获,做到轻挖、轻放、轻卸,减少损坏。

储藏时应选择无病虫害、无机械损伤的健康薯块。入库前清除病、杂薯,入库后及时清除烂薯。管理上注意通风透气,控温控湿。

▶ 第五节　甘薯水肥一体化种植技术

目前水肥一体化在甘薯生产上应用较为广泛,能改善甘薯薯形,增加产量和提高甘薯品质。运用甘薯绿色生产关键技术,结合甘薯覆膜栽插技术管控肥水,实现甘薯生产的优质、高效、轻简化,促进甘薯提质增效。见图 4-3。

图 4-3　甘薯水肥一体化栽培

一　铺设滴灌带

采用配套机械实施起垄、覆膜和铺设滴灌带作业。垄形高胖,垄面平整,垄土踏实,无大坷垃和硬心。滴灌带采用贴片式滴灌带,直径 16 毫米,壁厚 0.2 毫米,滴孔间距 20 厘米,滴水速度 1.5~2.0 升/小时,工作压力 0.1 兆帕。滴灌带铺设要平放垄面,铺设在垄中间,滴孔朝上。

平原地采用大垄双行,垄距 110 厘米,垄高 30 厘米,种植密度 5 000 株/亩;丘陵地采用单垄单行,垄距 80 厘米,垄高 30 厘米,种植密度 4 000 株/亩。地膜厚度不低于 0.01 毫米,大垄双行,地膜宽度 120 厘米;单垄单行,地膜宽度 100 厘米。

二　栽插

采用破膜栽插的方式斜插。选用健康种苗,高剪苗,栽插前用多菌灵 500 倍液浸泡种苗基部 10~15 分钟。栽插后要用土压实薯苗四周薄膜,避免薯苗烫伤。

三　栽插后田间滴灌

栽插后,根据土壤墒情,确定田间滴水量。土壤相对含水量≥80%,不需要进行田间滴水;40%≤土壤相对含水量<80%,滴水 10 米³/亩;土壤相对含水量≤40%,滴水 20 米³/亩。

四 生育期内肥水管理

在施肥桶内将肥料充分搅拌,根据土壤肥力和墒情,一般先滴水 20~30 分钟,再滴肥,待肥料全部滴入后,再滴水 20~30 分钟。

栽后 20 天第一次肥水滴入,土壤速效氮含量北方薯区≥60 毫克/千克（其他薯区≥80 毫克/千克）,滴肥量为 10 千克/亩腐殖酸水溶肥（N:P$_2$O$_5$:K$_2$O=8:12:35, 腐殖酸≥3%）;土壤速效氮含量北方薯区<60 毫克/千克（其他薯区<80 毫克/千克）,滴肥量为 10 千克/亩腐殖酸水溶肥（N:P$_2$O$_5$:K$_2$O=16:6:36,腐殖酸≥3%）。第二、三次肥水滴入时间分别为栽后 50 天和栽后 80 天。滴肥量均为 10 千克/亩腐殖酸水溶肥（N:P$_2$O$_5$:K$_2$O=8:12:35,腐殖酸≥3%）。视田间墒情,一般总滴水量不超过 10 米³/亩。

栽插 80 天以后,根据田间降雨情况,进行田间滴水,若持续无降雨,可在栽插后 80~120 天,进行 1~2 次田间滴水。

五 病虫害防控

北方薯区栽插时,随水滴入 1.8%阿维菌素 150~200 克/亩或 40%毒死蜱乳油 100~150 毫升/亩。栽插后 30~90 天,视田间地下害虫危害情况,用 400~500 毫升/亩辛硫磷乳油随水滴入。施用方式为先滴水,再滴药,滴药 1~2 次。栽后 90 天至收获期,田间不再施用农药。

其他薯区根据当地病虫害发生情况进行相应的药剂滴入。

六 控制旺长

相较于其他栽培方式,水肥一体化种植更容易出现旺长,所以要尽早

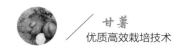
预防旺长。一般根据气候情况，第一次控旺宜在即将封垄的时候进行，可以在栽插后 45~60 天，每亩喷施 80~110 毫克/千克的烯效唑 30 千克，隔 5 天再喷施 1 次，或者 2 500 毫克/千克的矮壮素，每亩喷施 50 千克，可以控制茎蔓徒长，促进块根膨大，提高产量。喷药时还可以加入 0.3%~0.5% 磷酸二氢钾，或者单独施用 0.5% 的磷酸二氢钾。收获前 30 天每亩喷施 8~15 毫克/千克的己酸二乙氨基乙醇酯（DA-6）30 千克，3 天后再喷 1 次，可以延缓叶片衰老，延长光合功能期。需要注意的是植物生长调节剂施用不当可能会影响到下茬作物，喷药时以茎叶为主，尽量避免药液落地。

有时因雨水较多，控旺难度增加，可采用除草时提蔓的方法，严重的田块可采用机械轧蔓的方法控旺，可增加田间的通风透光，对于长势过旺的田块起到增产的作用。

七）收获期管理

收获期前 15 天要停止滴灌，遇到干旱天气，收获前 15 天滴灌一次水，保持土壤的湿度在 70% 以下。收获前把滴灌带及主管道收好，及时检查去除破损的水带，以备下一年继续使用。

▶ 第六节　甘薯防灾减灾技术

甘薯生产条件一般较差，在生长过程中可能遇到低温冻害、高温干旱、渍涝等多种极端自然灾害影响，生产风险加大。本文对甘薯生产中常见的几种自然灾害提出应对措施，供甘薯生产者参考。

一）低温冻害防灾减灾技术

倒春寒是造成甘薯低温冻害的主要原因，主要发生在甘薯苗期和春薯栽插早期。近年来,倒春寒现象时有发生,对甘薯育苗造成重大影响,给农户造成重大损失。

1.育苗期低温冻害应对措施

甘薯薯块萌发的适宜温度为 30~35 ℃,低温不利于薯块的萌发。北方地区目前广泛采用大棚+小拱棚的冷床育苗方式,排种后遇长期低温寡照会影响小拱棚升温,会造成薯块萌芽性差,延迟薯块出苗时间,严重的会导致种薯坏烂。生产上建议采用大棚+小拱棚+地膜的方式提高地温,同时夜间加盖保温棉。有条件的,建议采用电热温床育苗。

2.大田低温冻害应对措施

春薯一般在 4 月中下旬开始栽插,此时容易受倒春寒影响。甘薯在 10 ℃以下时停止生长,7 ℃以下时甘薯即遭受冷害,2 ℃以下时甘薯即遭受冻害。苗期如遇低温冻害,应及时喷施芸苔素内酯等药提高植株抗低温能力,预防冻害。如果冻害已经发生,应及时喷施低浓度生长素和肥料,起到活化生长基因、促进新芽萌发的作用,加快新叶和茎蔓生长,提高光合作用。如死苗、缺苗较多,需适时补苗。

大田生长后期,应根据天气情况,及早安排收获。当气温降至 15 ℃时,薯块不再积累淀粉。冻害会导致薯块品质下降,储藏期缩短。甘薯收获一般在霜冻前完成。如遇突然降雨降温,应选晴好天气,及时收获,及时入库,避免冻害。入窖时注意分拣破损、坏烂薯块。有条件的,在入库时采取高温愈合处理,减少病害发生。

3.储藏期低温冻害应对措施

甘薯储藏的适宜温度一般在 10~13 ℃,当冬季气温骤降时,应及时查看窖藏库温度。当库内温度过低时,应及时加热升温。升温同时注意窖藏库内湿度变化,避免湿度损失过快。湿度一般控制在 85%~90%。

二 高温干旱灾害防灾减灾技术

高温干旱一般发生在7—8月份,此时大多数地区甘薯正处于薯蔓并长期。甘薯相对比较耐旱,特别是已经结薯的植株,耐旱能力更强。高温干旱会抑制甘薯块根分化膨大,加速茎叶衰老,造成减产,品质变差。持续的高温干旱会导致植株缺水萎蔫,直至枯死,造成绝收。此外,高温干旱易导致田间病虫害加重。甘薯生产中,应及早做好高温干旱的预防和应对措施。

1.灌溉补水降温

灌溉条件好的地块出现旱情时应及时灌水,如滴灌、喷灌等。没有喷灌设施的可采用沟底灌水。灌水高度以不超过垄高的1/3为宜,选择清晨或傍晚地温下降后灌水,切记高温时大水漫灌。

2.合理使用抗旱剂、叶面肥、保水剂

喷施赤霉素、脱落酸等植物生长调节剂,降低叶面蒸腾作用,提高植株抗旱能力。适当追施钾肥,可提高植株抗旱能力,延长叶龄,促进光合物质的转运和薯块膨大。选择傍晚温度较低时进行,避免高温烧叶。

常年干旱地区可使用保水剂,下雨时能够充分吸收水分,可保持自身重量几十倍的水分,干旱时缓慢释放供应甘薯生长所需,缓解干旱影响。

3.覆盖遮阴

采用遮阳网、秸秆等覆盖物对垄面进行遮盖,降低垄面土壤温度,减少水分蒸发,降低蒸腾作用。

4.适时控旺

采用中耕机将沟底藤蔓截断,减少无效藤蔓的养分消耗,增加通风透气性。也可利用化学方法进行控旺,采用5%烯效唑可湿性粉剂400倍液叶面喷施,每隔7天喷施1次,连续喷施2次。

5.防控病虫害

大田发现少量病毒苗时,应及时拔除,降低病害经虫害传播的风险。甘薯藤蔓旺长,易导致斜纹夜蛾、甘薯天蛾、麦蛾及蚜虫、烟粉虱等虫害爆发,可每 10 亩安装 1 台黑光灯诱杀成虫,也可采用化学药剂防治幼虫,如高效氯氰菊酯、阿维菌素、甲维盐、吡蚜酮等。

灌溉后,植株基部高温高湿,应随时注意茎腐病、黑斑病等病害的发生,如发病薯苗及时清理,发病地块撒施生石灰处理,收获的甘薯不宜留种。

6.选用合适品种

选用早熟、高抗旱性甘薯品种是应对干旱风险、降低干旱损失最经济最有效的措施。农业生产前,可结合区域优势、经济效益和气象特点,选择合适品种,避开灾害风险。有针对性地选择抗旱品种,如鲜食型甘薯苏薯 8 号、济薯 26、岩薯 5 号等,淀粉型甘薯商薯 19、川薯 27、济薯25 等;早熟品种如龙薯 9 号、徐紫薯 8 号等。

7.推广节水灌溉技术

推广春甘薯地膜覆盖栽培,促进土壤保温保墒。水利条件允许的,采用膜下根部滴灌,实现水肥一体化喷施,提高水分利用率,减少水分损耗。此外,在田间灌溉时,以防渗渠输水代替土渠输水,以管道输水代替输水渠输水,均可以有效减少水分流失。

三 渍涝灾害防灾减灾技术

渍涝灾害一般发生在低洼地块或者排水不畅的地区。多是在汛期,突发短时强降雨或持续性降雨,严重危害甘薯生产。苗床渍涝灾害会导致苗床透气性变差,薯块呼吸作用受阻,薯块萌芽受到抑制,发生薯块坏烂。大田遇到连阴雨,土壤水分饱和,空气减少,严重影响根系发育。大田

渍涝常伴随高温,易导致甘薯地上部旺长,病害风险加重。尤其是收获期遭遇渍涝,还会导致甘薯产量和品质下降,储藏期病害加重,储藏期缩短。甘薯生产中,如遇渍涝灾害,应及时采取应对措施。

1.苗期渍涝灾害应对措施

选择地势高、不易积水的地块做苗床。整地做畦时,应做成高畦深沟,排水方便,可及时排水降渍。连续降雨后,应及时揭除覆膜,松土透气,防止薯块呼吸受阻而坏烂。

2.大田渍涝灾害应对措施

(1)清沟沥水,除涝降渍。遇连续降雨天气,及时组织人员清沟排水,单块面积较大地块及时开腰沟,使腰沟、垄沟和大田围沟排水通畅,做到雨后田间无明显积水,隔夜能降渍。

(2)适时中耕追肥,增强植株长势。涝害过后土壤肥力下降,土壤板结,建议适时中耕,增加土壤通风透气。麦茬甘薯可喷施芸苔素内酯提高植株抗性,追施磷酸二氢钾和尿素,促进地上部生长。

(3)加强田间管理,积极控旺控草。连续阴雨天气过后,加强田间苗情监管。观察地上部长势,地上部长势过旺时,适时喷施烯效唑等控旺剂,间隔1周后再喷施一遍,避免地上部旺长。注意田间杂草情况,及时喷施精喹禾宁、高效氟吡甲禾灵等化学除草剂除草,防止雨后草荒。

(4)及时防治病虫害。高温高湿易导致甘薯茎基腐病等病虫害加重,应加强病虫情测报,防止病虫害大面积暴发。

(5)适时收获。收获期遇到连续阴雨天,避免雨前割蔓、雨天收获。应及时关注天气变化,选择晴天上午收获,薯块经太阳照晒愈合后,下午入窖。先收春薯,再收夏薯。种薯先收,商品薯后收。

(6)打通排水沟渠。丘陵地块种植时,应避免选择地势低洼的地块。平原地区种植时,应及时修建田间及四周排水沟,做到沟渠相通,沟渠畅

通。当田间雨水过多时,能及时通过沟渠将积水排到河流湖泊。

▶ 第七节　甘薯收获与储藏

一　甘薯需适时收获

甘薯块根在适宜的温度条件下,能持续膨大,没有明显的成熟标准和收获期。所以,收获越晚产量越高。但收获的早晚,对甘薯的产量、留种、储藏、加工利用和轮作换茬都有影响。收获过早,会显著降低甘薯的产量;收获过晚,甘薯常受低温冷害的影响,耐储性大大降低,切干率下降。甘薯应选晴好的天气适时收获。

甘薯的收获适期,应根据气候条件、安全储藏时间和下茬作物的安排等确定。一般地温在 18 ℃左右,甘薯重量增加很少;地温在 15 ℃左右,甘薯停止膨大;地温长时间在 9 ℃以下,就会发生冷害。因此,一般在地温 18 ℃时就开始收甘薯,在霜降前收获完毕。据多年考察,9 月下旬至 10 月上旬,每亩每天增重 50 千克,晚收 10~20 天,可增重 500~1 000 千克,后延收获期是增加甘薯单产的有效措施。可采用机械锄薯晚收获,既能增加甘薯产量又能不受冻害影响。

二　甘薯收获应注意的问题

1.土壤过干或过湿,对甘薯收获均不利

过干,土壤含水量减少,地温变化大,甘薯易受冷害,且不易收获;过湿,土壤含水量过多,甘薯不仅不易收获,而且含水量大,收获后不耐储藏。土壤过湿时应先割去茎蔓,晒几天,待土壤稍干再收获。

2.收获时机的把握

种薯用的夏薯在霜降前收获;储藏食用的甘薯稍晚一些收获,但在枯霜前一定要收完。留种用的夏薯,宜在晴天上午收获,在田间晒一晒,当天下午入窖,不要在地里过夜,以免遭受冷害。

3.收获过程注意事项

甘薯收获后,可在地里进行选薯,去掉病、残及有水渍的薯块,并按不同用途和品种分别储藏。收获时注意轻拾、轻装、轻运、轻放,用竹筐或纸制周转箱装运,防止破伤,影响质量。

三 甘薯储藏的基本要求

甘薯在收获后储存期间仍然保持着呼吸等生理活动。储存期间要求环境温度在 9~13 ℃,湿度控制在 85%~95%,且有充足的氧气。

温度长时间低于 9 ℃,容易造成甘薯细胞壁果胶质分离析出,继而坏死,形成软腐;而温度高于 15 ℃时,生命活动加强,容易生根萌芽,造成养分大量消耗,内部出现空隙,就是所谓的糠心,同时病菌的活动增强,容易出现病害。

湿度超过 85%,影响表层生理活动,利于病菌滋生,易感染病害,诱发软腐病;湿度过低,薯块失水多,重量减轻,口感变差,易诱发干腐病。

充足的氧气能够满足薯块呼吸需要,保持旺盛的生命力。有很多甘薯软腐是由缺氧引起的,农村地窖的通风性差,呼吸产生的二氧化碳积聚在底层,容易造成大面积腐烂,此时若同时发生冻害,则更容易坏烂。因此不管何种储藏方式在管理上都要注意通风。见图 4-4。

为了保证窖内有充足的氧气,鲜薯的储藏量一般应占整个薯窖容积的 70%左右,并注意通风。

a 半地下窖储藏;b 地上窖储藏;c 育苗大棚就地储藏。

图 4-4 几种常见甘薯储藏方式

四 防止储藏期甘薯坏烂的措施

1.储藏库消毒

无论是新建库或利用原有旧库(窖)储藏甘薯,除进行及时维修彻底清扫外,还要用生石灰或硫黄熏蒸消毒,硫黄 50 克/米³,封闭 2~3 天,以消灭潜伏在库(窖)内的病菌。

2.薯种消毒

一般采用 70%甲基托布津 800 倍液或 50%多菌灵胶悬剂 500~800 倍液浸蘸或泼浇薯块消毒处理。

3.储藏前期降温散湿

入窖后至 20 天左右为甘薯储藏前期,外界气温高,且刚收获的种薯呼吸作用强,窖温容易升高,并能导致病害蔓延发展。可打开门窗和通气孔,进行降温散湿,待窖温降为 13~15 ℃时,关闭门窗,调节通气孔,防窖温急剧下降。

4.储藏中期注意保温防寒

入窖 20 天后至第二年 2 月上旬为储藏中期,这一段经历时间较长,气温较低,且薯块呼吸作用减弱,产生热量少,容易受到冻害的威胁,故此期应以保温防寒为中心。

5.储藏后期稳定窖温,适当通风换气

2月中旬立春以后,气温、地温回升快,但经过长期储藏的种薯生理机能差,极易受甘薯软腐病的危害,管理上应以稳定窖温、适当通风换气为主,保持窖温在 11~13 ℃的范围内。

(五) 高温愈合处理

甘薯在收获及入窖过程中容易受到损伤,对于干物率低及可溶性糖含量高的品种受伤后愈合较慢,容易受到杂菌的感染而出现软腐和黑斑病。目前最有效的办法是采用高温愈合处理,可促进伤口愈合,减少坏烂。在我国,从 20 世纪 50 年代开始广泛推广高温大屋窖,在集体化时期达到鼎盛,有效地控制了甘薯黑斑病的蔓延。

具体做法是:甘薯入窖 2~3 天内采用燃煤火道、燃油热风机等方法,将薯窖均匀加热至 35~38 ℃,保持 3~4 天,促进伤口愈合,然后尽快将温度降为 12~13 ℃。愈合过程中要注意用鼓风机强制空气流动,尽量使温度均匀上升,避免局部高温伤害薯块。对于在雨季收获的甘薯进行高温处理,可促进薯块的呼吸作用,释放出过多的水分,提高耐储性。

甘薯糖化是鲜食甘薯生产过程中的关键技术,糖化程度直接影响甘薯的质感、色泽和口感。传统方法是将甘薯收获回来后,进行晾晒糖化,糖化时间长,生产效率极低,而且只能在收获季进行,无法进行工业化生产。运用高温愈合技术,可以加快糖化的进程。

(六) 简易储藏设施的建造与管理

地上储藏库可以选地新建或利用旧房进行改造,具体做法是在房子内部增加一层单砖墙,新墙与旧墙的间距保持 10 厘米,中间填充稻壳或泡沫板等阻热物,上部同样加保温层。与门相对处,安装排气扇进行强制通风;入口处要增加缓冲间,避免大量冷热空气的直接对流。贮存时地面要用木棒等材料架高 15 厘米,避免甘薯直接接地。

长江流域及南方薯区冬季气温较高,可采用育苗大棚就地储藏。具体做法是:中间留 80 厘米宽过道,两边堆放,离棚边 60 厘米。高度 1.5 米左右,呈中间高、两边低的坡形。堆放同时,堆上覆盖厚土工布,两边放置稻草捆,保持大棚两端及两侧裙膜日夜通风。最低气温 4 ℃以上时,保持昼夜通风状态。最高气温低于 12 ℃、夜间最低气温低于 4 ℃时,封闭大棚。最低气温低于–1 ℃,或下雪前,堆上及大棚内两侧空隙增加稻草,或临时性覆盖塑料膜,待低温过去再撤除塑料膜。

（七）鲜食型甘薯的周年供应

甘薯食味甜美,营养丰富,深受大众欢迎,市场周年供应需求较大。当前甘薯供应主要集中在收获期,夏季甘薯供应少。主要原因是甘薯遇到高温呼吸加强,萌芽加快,薯肉糖分减少,肉质变糠,香味降低,食用品质下降,同时表皮变皱,外观变差。随着储藏设施和储藏技术的不断改进,结合我国南北薯区生产周期长的特点,可以基本达到鲜食型甘薯周年供应的要求。

随着人们消费水平的日益提高,高端鲜食甘薯的需求不断增强。高端鲜食甘薯的生产除必须选用优良品种外,还应做好精选和包装。见图 4-5。选择表皮无虫孔和病斑的薯块,轻拿轻放;田间分级保证薯块形状整齐,大小一致,薯皮光滑无破损,外观鲜亮,肉色鲜艳。储存期间需严格控制温湿度,保证薯块商品性不降低。平时不要翻动薯箱,对个别出现软腐的甘薯及时清除,对健康甘薯要轻拿轻放。

a 标准化分级;b 自动清洗;c 人工精选;d 机械除湿。

图 4-5　高端鲜食型甘薯精选分级

第五章 甘薯主要病虫害防治技术

甘薯生长期受到的生物胁迫包括病害、虫害、草害等。病害根据病原种类又可分为真菌性病害、细菌性病害、植原体病害、病毒病害和线虫病害等。虫害可以分为地下害虫、地上部刺吸式害虫和食叶害虫等几类。

▶ 第一节 甘薯常见真菌病害及防治技术

真菌是一类营养体,通常为丝状体,具细胞壁,通过产生孢子进行繁殖的真核生物。多数真菌腐生,少数共生和寄生,真菌寄生在植物上引起各种病害。所有病原物中由真菌引起的植物病害最多。

真菌病害造成的症状主要有坏死、腐烂和萎蔫,少部分造成畸形,特别是在植物表面形成霜状物和霉状物。

一 甘薯黑斑病

甘薯黑斑病又称黑疤病,是甘薯的一种毁灭性病害,在大田期和储藏期均能够发生,在各大薯区发生都比较严重。

1.症状

苗期发病时,薯苗基部出现梭形和菱形的凹陷病斑。病害发生初期病斑表面会出现一层黑色的霉状物,到发病后期就会出现黑色的刺毛状和粉状物,严重影响薯苗生长。在薯块上形成圆形、椭圆形或不规则形黑色

凹陷病斑。见图 5-1。病斑轮廓清晰,病组织可深入薯肉 2~3 厘米或更深,薯肉呈暗褐色,味苦。病斑表面生有黑色的霉状物和刺毛物。

图 5-1　甘薯黑斑病危害状

2. 病原及发生规律

黑斑病的病原真菌为甘薯长喙壳,属于子囊菌亚门核菌纲长喙壳菌属。

黑斑病病原菌以厚垣孢子、子囊孢子和菌丝体在薯窖、大田和苗床土壤等处越冬,成为来年的侵染源。初侵染源主要来自薯窖,包括带菌种薯和种苗。少部分来源于大田和苗床土壤以及粪肥。田间孢子的危害较小,但是田间孢子如果带到薯窖中,就会造成比较严重的危害。

温度范围在 8~35 ℃时都能造成黑斑病发生,发病最适温度为 25 ℃。夏季高温高湿促使病菌死亡,温度低于 8 ℃,病害则停止发展。

3. 综合防治措施

黑斑病病菌寄生性不强,主要是经伤口侵入薯块,因此,甘薯的安全储藏要避免有伤口。对于黑斑病的防治要采取以无病种薯为基础、以培育无病壮苗为中心、以安全贮藏为保证的综合防治措施。具体措施包括:①药剂浸种。用杀菌剂如 50%甲基硫菌灵可湿性粉剂 200 倍液浸种 10 分钟,防效较好。②加强苗床管理,采用高温育苗。育苗尽量采用新苗床,若采用旧苗床,要将旧床土铲除干净并喷施杀菌剂消毒。种薯上苗床后,2~3 天内保持温度 34~38 ℃。③推广高剪苗技术。高剪苗要求距离地面 4~5 厘米处剪苗,剪刀要经常用 75%酒精消毒。④药剂浸苗。剪下的薯苗用 70%的甲基硫菌灵或 50%的多菌灵等药剂浸基部(5 厘米长度),用于消毒杀菌。⑤种植抗病品种。如苏薯 8 号、皖薯 373 等。

二 甘薯根腐病

1.症状

根腐病又叫"火龙""烂根病",主要在大田期危害,苗床期虽也有发病,但症状一般较轻。病薯叶色较淡,生长缓慢,见图 5-2,须根尖端和中部有黑褐色病斑,拔秧时易自病部折断。大田期一般在移栽后 35~40 天是高发期,主要发生在根部。先在须根中部或者根尖出现赤褐至黑褐色病斑。中部病斑环绕根部一周后,病部以下的根段很快干腐死亡,拔苗时从病部折断。轻病株近地面的地下茎能长出新根,但多为柴根。重病株地下茎大部腐烂。少数病株能结薯,但是薯块小,毛根多。薯块受侵染产生黑色凹陷病斑,表皮有轻度开裂,幼薯期受侵染可造成薯块轻度畸形。和黑斑病不同,储藏期病斑并不扩展,病薯不硬心,煮食无异味。

图 5-2　甘薯根腐病危害状(黄立飞供图)

2.病原及发生规律

甘薯根腐病的病原菌为腐皮镰刀菌甘薯专化型。除甘薯外,该致病菌也能侵染旋花科寄主如牵牛花、圆叶牵牛、茑萝、田旋花、蕹菜、月光花等植物。

根腐病是一种土传病害,带菌土壤是主要侵染源。病原菌在土壤中可至少存活 4 年,其中土壤耕作层分布最多,其垂直分布最深可达 100 厘米土层。

根腐病一般在干旱和瘠薄的土地发病更严重。发病适温为 21~29 ℃,最适温度为 27 ℃。因此春薯早栽,气温偏低,不利于病菌侵染,当气温升高有利于发病时,甘薯根系已经基本形成,发病较轻。此外,土壤含水量在 10% 以下更有利于发病,轮作发病轻,连作发病重。长江中下游薯区发病程度之所以比北方薯区轻很多,其中一个原因就是雨水比较多。

3.综合防治措施

生产上在栽后 45 天的时候大水漫灌一次,对该病害的防控有很大的作用。但如果地块是连续 3 年的重茬地,还是很可能发生根腐病的。除了轮作换茬以外,主要还是选用抗病品种。如种植徐薯 18、商薯 19、渝苏 303、万紫 56 等抗病品种,是防治根腐病最经济有效的措施。

三 甘薯蔓割病

1.症状

蔓割病发生在近地表区域,是一种维管束病害。在南方薯区和长江中下游薯区蔓割病远比根腐病要严重。和根腐病一样,蔓割病也是一种土传病害,易引起甘薯连作障碍。

甘薯蔓割病发病后地上部茎叶黄化、萎蔫,严重的则根颈部变黑腐烂,薯拐开裂或局部变褐,见图 5-3,最后造成薯拐腐烂进而整薯腐烂。病株的根、主蔓、支蔓和叶柄均出现纵裂症状，但多发生在薯拐部位。

蔓割病发生导致维管束的龟裂，使地上部养分不能向根部运输。发生蔓割病的地块，不仔细看很难发现甘薯是不是发病。这是由于甘薯会有很多气生根，只有极端严重的时候才能看到死苗现象。但是事实上维管束龟裂阻止了地上部的养分向地下部运输，因此，严重时会造成绝产。总体而言，该病害对产量的影响比较严重。和根腐病一样，蔓割病病菌

图 5-3　甘薯蔓割病危害状
（黄立飞供图）

是始终在土壤里存在。只要环境达到发病条件，该病就会发生。

2.病原及发生规律

甘薯蔓割病病原为尖孢镰刀菌甘薯专化型。

该病是典型的土传病害，病原体在土壤中可存活 3 年以上。病原菌通过带病薯块或者外伤侵入薯苗，在导管组织中繁殖，破坏维管束结构，致使茎基、叶柄和块根受害。土壤温度在 15 ℃左右，病原菌就能侵染植株。温度在 27~30 ℃最有利于病害发展，侵染 11 天即可表现症状。因此，夏季病害发生比春季重，特别是台风暴雨过后极易造成该病流行。从土壤类型看，土质疏松的酸性沙土发病较重，而土质较黏、pH 较高的稻田土发病较轻。

3.综合防治措施

生产上可选用抗病品种如金山 57、广薯 87、岩薯 5 号等。此外，培育健康种苗和药剂浸种，如采用甲基硫菌灵、多菌灵蘸根也能减轻病原菌对甘薯危害。重病地可与水稻、大豆、玉米等轮作 3 年以上，优先与水稻

进行水旱轮作。

四 甘薯疮痂病

1.症状

甘薯疮痂病又称"缩芽病""麻风病"。主要危害甘薯的藤蔓、嫩梢、叶柄和叶片。叶片受害时,初期为红褐色油渍状小点,随着叶片伸长,病斑扩大凸出表皮,发展成木栓化的疣斑,表面粗糙,呈灰白色或黄白色。以背面叶脉发病居多。受害叶脉向内弯曲呈"膝状",病叶卷曲皱缩,叶片不能长大。见图5-4。

顶芽受害时,初为透明的深红色病斑,后逐渐扩大为黑褐色而枯死,新梢和幼叶不能长大,整个顶梢收缩僵硬而直立,表面粗糙呈麻脸状。叶柄受害时,产生近长椭圆形凸起的疣瘤,一般较叶片上的更大,使薯蔓表面比较粗糙。茎蔓上的病斑与叶片、叶柄上的相似。受害植株虽可结薯,但产量少,薯块上无任何症状表现。

图5-4　甘薯疮痂病危害状(黄立飞供图)

2.病原及发生规律

病原菌无性阶段为甘薯痂圆孢,有性阶段属子囊菌,为甘薯痂腔囊

菌,田间常见病原菌的无性世代。

病原菌以菌丝体在甘薯发病组织或老蔓内越冬,带病种苗或发病薯蔓是田间病害发展的主要初侵染源。翌年春季气温上升到 15 ℃以上,再有足够的湿度,病菌便开始活动,产生分生孢子,侵染新的薯苗,借风雨和气流传播,扩大蔓延。

此病发生发展的温度在 15 ℃以上,田间发病在 20 ℃以上,25~28 ℃为最适发病温度。雨水是该病发生的重要条件,因此高温高湿的夏季,以及南方地区台风暴雨过后,最易造成该病害的流行。在南方薯区,4—11月份均可发病。并且随着温度的升高,病害的潜伏期变短。

3.综合防治措施

选用抗病品种是综合防治的关键措施,大田种植可选用广薯 15、湘农黄皮等品种。在病区还要做好检疫,严禁薯苗调运到无病区。坚持轮作,尤其以水旱轮作为好,提倡秋薯留种,培育无病壮苗,用甲基硫菌灵、甲基托布津和多菌灵等浸苗;在大田发病初期,喷施 0.1%的甲基托布津或多菌灵防治。

（五）甘薯紫纹羽病

1.症状

甘薯紫纹羽病俗称"红网病",是部分地区甘薯生产中危害较大的病害之一,危害薯块和薯拐,造成薯块腐烂。从 8 月下旬开始,感病植株地上部叶片就逐渐发黄脱落,轻提病蔓容易拔起,此时地下薯块已经腐烂。受害薯块初期表面缠绕白色纱线状物,逐渐变褐色、紫褐色,并在病薯表面结成一层羽绒状菌膜。薯块受害一般从基部开始,向上扩展。

2.病原及发生规律

甘薯紫纹羽病病原菌为桑卷担菌,属担子菌亚门层菌纲木耳目木耳

科卷担菌属。无性态为紫纹羽丝核菌。该病原菌寄主范围很广,能够侵染100多种作物。

3.综合防治措施

对于甘薯紫纹羽病的防治需要注意以下几点:第一,要控制薯块不外露,发病地块的薯块不能作种薯;第二,已经发病的地块最好用生石灰进行消毒;第三,紫纹羽病易通过机械传播,发病地块的农田机械一定要避免和未发病地块相互借用,以免病害传播扩散;第四,不宜在发生过紫纹羽病的桑园、果园以及大豆、花生田栽种甘薯,尽量与禾本科作物轮作。药剂处理选用代森锰锌、甲基硫菌灵和多菌灵等。

(六) 甘薯白绢病

1.症状

白绢病近年来发病也比较严重,特别是在苗床期和甘薯生长前期最典型的症状就是出现白色菌丝,像白色的手绢一样。中后期出现菌核,菌核初期白色,后期褐色至黑褐色,菌核表面光滑,和油菜籽粒相似。白绢病能侵染多种植物,基本症状相似。见图5-5。

a 苗期根部危害状;b 病苗地下根部危害状;c 病薯危害状。

图5-5 甘薯白绢病的危害状

2.病原及发生规律

甘薯白绢病的病原是齐整小核菌,属于半知菌亚门丝孢纲无孢目小菌核属。该病菌也能侵染水稻和玉米。自然条件下,白绢病病原菌不产生分生孢子,而是在植株病残体上产生菌核。研究表明,白绢病的菌核可以在田里存活5~6年的时间,并作为次年的初侵染源连年危害,该病很难根治。

甘薯白绢病是一种土传病害。可随流水、雨水、昆虫、病残体以及带菌泥土进行传播,高温高湿有利于该病发生。该病在浙江、福建和广东等沿海薯区引起较大危害,并有向内地传播的趋势。白绢病和油菜菌核病非常相似,因此在油菜地转种甘薯的时候,一定要注意防治白绢病。

3.综合防治措施

该病的防治措施主要包括严选种苗,合理轮作,忌连作或与其他感病寄主轮作。与禾本科作物进行3~5年的轮作可减轻白绢病危害。化学防治可以用一些杀菌剂如吡唑醚菌酯等进行浸根处理。

(七) 甘薯黑痣病

1. 症状

甘薯黑痣病的黑斑存在于表皮,不深入薯肉,不影响食用,也不影响生产淀粉,仅影响甘薯的商品性。田间生长期和储藏期均可发病,多危害薯块。薯块发病初期多在表面产生淡褐色小斑点,其后斑点逐渐扩大变黑,为黑褐色近圆形至不规则形大斑,湿度大时病部会产生黑色霉层。

2.病原及发生规律

甘薯黑痣病的病原为半知菌亚门甘薯毛链孢。该病发生温度为6~32 ℃,最适温度为30~32 ℃。病原菌主要随病薯在窖内越冬,第二年育苗时即可侵染幼苗引起发病,病原菌产生分生孢子,分生孢子直接从表皮侵入薯块,并在表皮危害。冬季窖内存在病原菌且温湿度适宜时,可传播

引起全窖薯块发黑。

3.综合防治措施

黑痣病的防控技术与黑斑病非常相似,不同的是,在用未腐熟肥料的时候很可能造成黑痣病危害。一般两个病害的防治都会采用浸苗的方式进行防控。采用高剪苗、药剂浸苗进行防控的时候,要注意以下两点:第一,高剪苗不是拔苗再剪,而是在距离地面3~5厘米处剪苗;第二,剪苗后苗床不要立即浇水,立即浇水就没有给薯苗自然愈合的时间,很容易引起烂床。

▶ 第二节 甘薯常见细菌性病害及防治技术

一 薯瘟病

1.症状

薯瘟病是一种蔓延迅速、具有毁灭性的细菌性病害。从苗期到结薯期均可发病,其症状因甘薯生育期不同而有差异。带病种薯育苗,苗长势衰弱,叶色灰绿无光泽。见图5-6。苗高15厘米左右表现出萎蔫,上部1~3片叶首先凋萎,基部发黑呈水渍状,不久枯死。折断病苗乳汁稀少无黏性,纵剖茎蔓可见维管束变成条状黄褐色。

图5-6 薯瘟病田间危害状(黄立飞供图)

成株期发病后,如果薯蔓未长出不定根,则地上部萎蔫,叶色暗淡无光泽,地下根茎易拔出。如已经生出不定根,则病株不表现出萎蔫症状,与健康植株无异,但长势较弱,不能结薯。剖视茎基部亦可见维管束变褐,地下基部枯死或全部腐烂。

病薯初期外表症状不明显,横切薯块可见维管束呈黄褐色小斑点。病薯味苦,有刺鼻臭味,失去食用价值。

2.病原及发生规律

薯瘟病病原菌是茄雷尔菌,属薄壁菌门雷尔菌属。薯瘟病病原菌存在两个具有毒性差异的致病株,即Ⅰ型和Ⅱ型。存在某些甘薯品种对Ⅰ型高抗对Ⅱ型感病的情况。薯瘟病病原菌是好气型菌,在旱地可以存活3~4年,在水田只能存活1年左右。

偏碱性的海滩地比酸性的红黄壤发病轻,且病原菌喜高温高湿,在南方各薯区每年的6—9月份是发病盛期,如遇台风暴雨,则最易引起病害流行。

3.综合防治措施

针对上述情况,综合防治技术包括:①加强检疫。严禁病区薯苗上市出售或转入无病区,防止扩大蔓延。②选用抗病品种,培育无病种苗。常见抗(耐)病品种包括广薯87、金山57、桂农1号等。③合理轮作。建议水旱轮作,但避免和马铃薯、烟草、辣椒以及番茄等茄科作物轮作。④清洁田园,土壤消毒。将病薯和病残体集中进行无害化处理,并用石灰、硫黄进行土壤消毒。⑤药剂防控。采用中生霉素、春雷霉素等药剂进行浸苗和大田防控。

二 细菌性茎腐病

1.分布与危害症状

细菌性茎腐病也称细菌性黑腐病,主要分布在浙江、福建、广东、广

西、台湾等南方各地,典型症状为茎和叶柄上产生褐色至黑色水渍状病斑,甚至茎基部发黑,变软腐烂。茎和块根维管束呈黑褐色,块根腐烂,有臭味。有的田间病薯表面有呈黑色边的棕色凹陷病斑,有的病薯表面无明显症状,但其实内部已腐烂。

2.病原及发生规律

甘薯茎腐病的病原菌为达旦提狄克菌,病薯、病蔓、田间灌溉水以及受污染的器材均可作为初侵染源进行传播,潮湿温暖的条件易引发病害。

3.综合防治措施

在防控茎腐病的时候,主要措施是隔绝病源,不把病菌带到大田;其次是加强水肥管理和进行轮作。还可以使用防治细菌性病害的药剂,如采用有机铜类杀菌剂、无机铜杀菌剂、农用抗生素、噻唑类和微生物制剂等进行防治。

▶ 第三节　甘薯线虫病及防治技术

甘薯线虫病害有很多种类,主要是茎线虫病和根结线虫病。茎线虫病是北方薯区传统病害,南方和长江中下游薯区近年来根结线虫病有抬头的趋势。线虫病的前期防控非常重要,要避免将带有线虫的种苗带到大田。如果大田发生危害,用药剂处理则成本非常高,一旦田间出现了线虫危害症状,建议轮作换茬。

1.分布与危害症状

茎线虫病也叫"糠梆子",是北方薯区常见的病害。以山东、河北两省发病严重,近年随着种苗的调运,长江中下游薯区也有发生。

此病不仅在田间危害,还能引起贮藏后期烂窖。田间发病时,茎线虫可以危害薯苗、须根和薯块。苗床上薯苗受害多在白色幼嫩部分,初期症状不明显,但杂菌从茎线虫伤口侵入二次感染而出现黑色,不糜烂。后期纵剖茎部见褐色空隙,剪断后很少或不流白浆。

受害薯块症状分为糠心型和糠皮型两类。糠心型:线虫在薯块内部繁殖危害,薯肉被蛀食后形成不规则的孔洞,其余薯肉受微生物污染,形成褐白相间的干腐症状,即所谓糠心。见图 5-7。薯块重量大大减轻,但薯皮完好,外观与健康甘薯无异。糠皮型:茎线虫直接从表皮侵入薯块,在形成层以外的皮层部危害,形成褐色松软的糠皮。薯块外观呈青灰至暗褐色,后期常常龟裂。严重发病时,二者兼有,呈混合型。

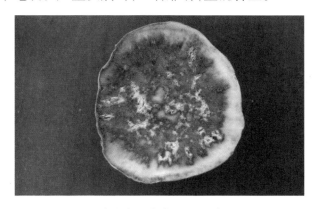

图 5-7 甘薯茎线虫病薯块症状(黄立飞供图)

在储藏期发病的茎线虫病易与干腐病等混淆,但茎线虫病是褐白相间而干腐病仅仅是褐色,且带有酒味,以此可以区分。

2.病原及发生规律

病原线虫为马铃薯腐烂茎线虫,此种线虫除危害甘薯外,还危害山药、萝卜、胡萝卜、马铃薯、薄荷及大蒜。

马铃薯腐烂茎线虫耐低温不耐高温,2 ℃即开始活动,7 ℃以上能产卵和孵化生长。田间越冬薯块中茎线虫死亡率仅 10%,–25 ℃的低温 7 小

时才会死亡。在 35 ℃停止活动,薯苗中茎线虫在 48~49 ℃温水中处理 10 分钟,死亡率可达 98%。

3.综合防治措施

茎线虫主要是从剪刀伤口侵入,封闭剪刀伤口是预防的关键。甘薯茎线虫病绿色防控技术概括起来就是"选""控""封""防"四个要点。

(1)选用抗病品种,培育无病种苗。生产上抗病品种有很多,如商薯 19、济薯 26、宁紫薯 1 号、郑红 22 等。选用无病薯苗是杜绝茎线虫病远距离传播的第一关。

(2)控制田间虫口基数,控制苗床茎线虫侵入速度,控制薯苗携带茎线虫。清洁田园,将上年的病薯块清理出大田并集中处理。在苗床期喷施茉莉酸甲酯,控制茎线虫侵入速度。苗床采用高剪苗控制薯苗带茎线虫入田。

(3)用杀线虫药剂蘸根封闭剪苗伤口,可有效防止线虫侵入。

(4)在重病区选用三唑磷、辛硫磷、丁硫克百威等药剂对茎线虫进行防控。

第四节　贮藏期常见病害及防治技术

甘薯贮藏期常发生病害造成损失,一类是生理性病害,主要是低温引起的冻害。冻害是甘薯贮藏期腐烂的主要原因之一,薯块在低温环境下持续较长时间,就会造成甘薯冻伤,形成硬核,表皮和组织坏死。甘薯受冻皮色与健康薯无二,只是略显暗淡,失去光泽。受冻部分手指压有弹性,剖开可见薯皮附近迅速变褐,不渗白浆,用手挤压出清水。冻害引起的腐烂,往往从表层开始。二类是侵染性病害如黑斑病、黑痣病、软腐病和干腐病等。黑斑病和黑痣病在前文已经阐述,下文介绍软腐病和干腐病。

一　甘薯软腐病

1.症状

甘薯软腐病是贮藏期常见病害。病薯发病部位组织软化,呈水渍状,破皮后流出黄褐色汁液,有酒香味。病部表面疏生一团白色棉毛状物,上有黑色小粒。见图5-8。环境适合时,4~5天即全薯腐烂。

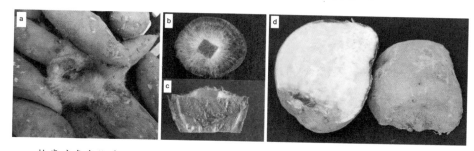

a软腐病危害状;b和c软腐病病原菌接种造成薯块软腐(b为平面图,c为侧面图);
d干腐病危害状。

图5-8　甘薯软腐病及干腐病危害状(黄立飞供图)

2.病原及发生规律

软腐病病原为多种根霉,其中优势病原菌为黑根霉菌,适合在较低温度(6~22 ℃)下危害。软腐病菌腐生性强,分布极为广泛,且该病侵染需要伤口和死亡组织提供营养。此外,该病与甘薯的生活力密切相关,特别是甘薯受冻、生理机能衰退时,病菌易于侵入。

3.综合防治措施

对于该病的防控主要是仓库温度和湿度的控制。收获和入库温度应在10 ℃以上, 仓库温度控制在10~12 ℃。甘薯储藏相对湿度应控制在85%左右,如果湿度达到95%则该病高发,此时应及时通风降湿。此外,种薯入库前,应及时剔除坏烂病薯,硫黄熏库。

二 甘薯干腐病

1.症状

干腐也叫顶腐,干腐的症状有两类,一类是在薯块上散生一个或数个圆形或不规则凹陷的病斑,剖视病薯组织呈褐色海绵状。见图5-8d。另一类从薯块顶端侵入发病,两头淤缩非常明显,病薯破裂处,常产生白色或粉红色霉层。

2.病原及发生规律

干腐病的病原是半知菌亚门瘤座孢目镰刀菌属,主要有尖孢镰刀菌、串珠镰刀菌和腐皮镰刀菌。无性态为半知菌亚门球壳孢目拟茎点霉属甘薯拟茎点霉。

造成干腐病的主要原因是收获时带病菌入窖。其次,收获期遇冷、过干、过湿,都易导致储藏期干腐病的发生。甘薯收获应尽量选在晴天,经过晾晒促进薯拐部分的伤口自然愈合。此外,在窖存的时候湿度不能过低。当湿度低于85%时,易发生干腐病。

3.综合防治措施

(1)清洁仓库。种薯入库之前,及时清理,采用硫黄熏蒸或者喷洒多菌灵。

(2)种薯入库后,立即进行高温愈合。

(3)保持合适温湿度。前期注意通风降温,后期注意增温。湿度控制在80%~90%。

▶ 第五节 甘薯主要虫害及防治技术

甘薯虫害是影响甘薯正常生长的重要因素,根据危害部位的不同,可以分为地上部食叶害虫和地下部害虫。有些害虫如甘薯叶甲能同时危害地上部茎叶和地下部块根。见图5-9。下面根据危害方式,将害虫分为地下害虫、刺吸式害虫和食叶害虫分别进行综述。

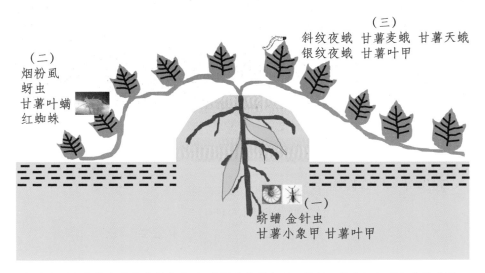

(一)地下害虫取食薯块造成危害;(二)刺吸式害虫以口针刺入植物组织吸取汁液危害,此步骤易传播病毒;(三)食叶害虫取食叶片造成危害。

图5-9　甘薯虫害示意图

一　蛴螬

蛴螬是鞘翅目、金龟总科幼虫的统称,成虫统称为金龟子,在我国广泛分布。我国蛴螬50多种,北方薯区占主要生态型的有华北大黑鳃金龟、暗黑鳃金龟和铜绿丽金龟3种。

1.形态特征与危害症状

蛴螬体形肥大,虫体呈"C"形,体壁柔软多皱纹,体色白色,最末腹节发暗。见图5-10a。成虫金龟子体长16~22毫米,不同种之间略有差异。

蛴螬取食甘薯造成孔洞疤痕,虫眼较大较深,边缘规则,见图5-10b,造成甘薯减产,影响薯块商品性。蛴螬食性广,除危害甘薯外,也危害玉

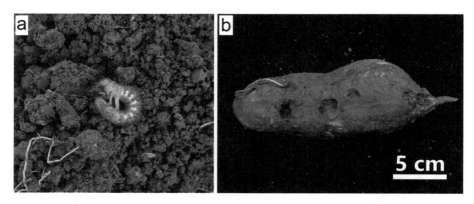

a蛴螬幼虫形态;b蛴螬对薯块危害状(大而深的孔洞)。

图5-10　蛴螬及危害状

米、花生等多种农作物。

金龟子完成一个世代,所需时间因种类和所处气候条件不同而异,最长的是6年完成一个世代,如大栗鳃金龟,多数种类2年或1年完成一个世代。华北大黑鳃金龟2年1代,暗黑鳃金龟和铜绿丽金龟1年1代。

多数金龟子昼伏夜出,尤其夜间8时至11时活动最盛。日落后出土、取食、交配,在土壤中产卵。多数种类成虫有趋光性,成虫有假死性。幼虫有3个龄期,以3龄幼虫食量最大,常造成严重损失。

2.发生规律

蛴螬发生危害与环境条件有密切关系。以大黑鳃金龟为例,调查发现,非耕地虫口密度明显高于耕地。这是由于这些地方土壤保水性好,空气充足,有机质丰富,很适合大黑鳃金龟成虫产卵、孵化和幼虫生长。淤泥土中的虫量高于壤土、沙土,因为淤泥土中有机质含量高;此外,还因为多数蛴螬发生的适宜含水量是10%~20%,土壤含水量过高或者过低对蛴螬生长发育均不利。

幼虫在土壤中的垂直深度与气温密切相关,在寒冷冬季,蛴螬具有下移的习性。10厘米土层日平均地温13~18 ℃是大黑鳃金龟最适宜的活动温度，成虫出土的日平均气温在 13~18 ℃,10 厘米土层日平均地温低于 13 ℃成虫基本不出土。风雨过后天气回暖是成虫出土高峰。前茬为花生田,蛴螬发生较重。

3.综合防治措施

蛴螬的综合防治措施包括农业防治、物理防治、生物防治和化学防治。水旱轮作可显著降低虫口密度。田间间作或套种蓖麻,可毒杀多种金龟子。利用金龟子的趋光性,可每 30 亩设置黑光灯一盏诱集成虫集中杀灭,降低成虫虫口密度。同时可采用绿僵菌颗粒剂或采用丁硫克百威、辛硫磷颗粒剂或毒死蜱颗粒剂撒施杀灭蛴螬。总的来说,对于蛴螬的防治,以黑光灯诱集杀灭成虫结合大面积统防统治效果最佳。

二 金针虫

1.形态特征与危害症状

我国常见的金针虫有沟金针虫、细胸金针虫、宽背金针虫、褐纹金针虫。金针虫属鞘翅目叩头虫科,是叩头虫幼虫的总称。全国各地均有分布。成虫灰褐色,前胸背板后缘角突出呈锐刺,沟金针虫成虫体长 17~21 毫米,细胸金针虫成虫体长 8~9 毫米,鞘翅长约为头胸部的 2 倍,上有 9 条纵裂刻点。幼虫体细长,金黄色,体壁光滑坚韧,末龄 20~30 毫米,头和末节坚硬。

金针虫危害甘薯,形成小而深的孔洞,见图 5-11。对甘薯生物量影响较小,主要影响薯块外观而降低其商品价值。

2.综合防治措施

金针虫一般发生在长期旱作地块。特别是前茬种植小麦的地块,金针虫发生更加严重。金针虫以成虫或幼虫在土壤里越冬,通过深翻土壤可以冻死部分蛹或幼虫,以降低金针虫的虫口密度。有条件的地方也可以

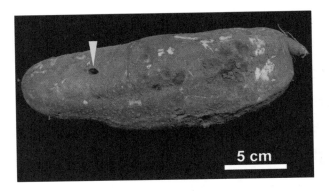

图 5-11　金针虫危害症状

进行水旱轮作,以降低虫口密度。其次,利用金针虫的趋光性和趋化性,设置黑光灯或糖醋液诱杀成虫。此外,化学药剂防控主要在田间撒施毒死蜱颗粒剂、辛硫磷,或穴施丁硫克百威。

三　甘薯小象甲

甘薯小象甲属于鞘翅目锥象科,又称甘薯蚁象,是国际上重要的检疫性害虫。在我国主要分布于台湾地区和海南、福建、广东和广西等东南沿海地区,在江西、湖南、湖北、贵州和四川等地也有分布,是我国南方各省(区)的主要甘薯害虫。在北方薯区随着种薯种苗的调运也有分布,但是该害虫在北方地区不能越冬,只能影响当季作物而不会危害下一茬作物。

1.形态特征与危害症状

甘薯小象甲体长 5~8.5 毫米,头部浅褐色,近长筒状。两端略小,略弯向腹侧,胸足退化,见图 5-12b。成虫体长 5~7.9 毫米,狭长似蚁,触角末节、前胸和足为红褐色至橘红色,其余蓝黑色,头前伸似象鼻,见图 5-12a。

成虫和幼虫均能危害,而以幼虫为主。成虫危害甘薯、蕹菜、野牵牛等旋花科植物。成虫善爬行,不善飞翔,但也可借助风力被传送至远处。极耐饥饿,在 10 ℃以上就能正常活动,30 ℃左右最为活跃。

整个幼虫期都在薯块或者藤头内活动，薯块表面孵化的幼虫蛀食薯块形成弯曲无定形的孔道，孔道内充满虫粪，见图5-12b，c。伤口的存在使致病菌侵入，使受害薯块发生恶臭和苦味，损失巨大。有报道，最多的一个薯块内发现幼虫170头。薯蔓上的卵孵化后钻入薯蔓内部形成隧道，隧道中也有虫粪，幼虫寄生多时，受害茎逐渐肿大成不规则的膨胀状。

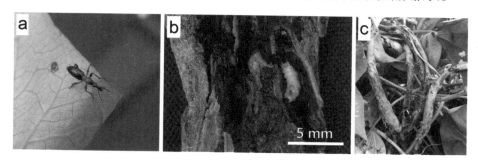

a甘薯小象甲成虫；b甘薯小象甲幼虫（甘薯茎基部）；c甘薯小象甲危害造成茎基部膨大。

图5-12　甘薯小象甲的识别特征及对甘薯危害状

2.发生规律

甘薯小象甲在广东地区周年繁殖，1年发生5~7代，没有越冬现象。特别是在甘薯膨大期危害严重，甘薯的迅速膨大使垄面形成裂缝，甘薯小象甲沿着裂缝侵入，危害甘薯。干旱造成畦面土地龟裂，薯块外露，有利于成虫产卵危害。因此，土壤易板结、土层薄易龟裂的地块，小象甲发生都比较重。甘薯结薯浅的品种危害重，结薯深的品种危害轻。此外，由于小象甲寄主范围较窄，凡是连年种植甘薯、虫源连绵不断的区域危害重。有研究表明，连作地块的虫口基数是轮作地块的9倍之多。如实行轮作则大大减轻虫害。浙江地区此前报道较少，但是近两年发生危害日益严重。皖南地区与浙江气候接近，地理接壤，要严格预防甘薯小象甲可能造成的危害。

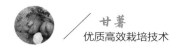
3.综合防治措施

对于甘薯小象甲的防控,降低虫口基数是重点。严控种薯种苗调运,严禁将疫区种薯种苗调运到未发生适生区。农业防治上,清洁田园、栽植无虫薯秧、清除其他旋花科寄主是一个方法。此外,土壤缝隙是甘薯小象甲危害的通道,薄膜、稻草覆盖、浇灌、培土均能有效减少危害。水旱轮作以及与鹰嘴豆、白萝卜、茴香等作物间作,可大大减轻甘薯小象甲危害。性诱剂仅诱集雄虫,可作为检测手段而不能防治。常规的触杀型杀虫剂如吡虫啉、毒死蜱、高效氯氟氰菊酯和阿维菌素等均可防治甘薯小象甲,但由于甘薯小象甲幼虫常常钻蛀薯块内部,杀灭效果较差,还存在农药残留问题,不建议大量使用农药防治甘薯小象甲。

（四）甘薯叶甲

甘薯叶甲又叫金花虫、剥皮龟、甘薯猿叶虫。有两个亚种,分别是甘薯叶甲指名亚种和甘薯叶甲丽鞘亚种,属鞘翅目叶甲科。从内蒙古到两广地区均有分布,在南方薯区和长江中下游薯区发生严重。

1.形态特征与危害症状

成虫体长约 6 毫米,短椭圆形。体色有蓝紫、蓝绿、绿色、黑色、紫铜色、青铜色、蓝色以及鞘翅紫铜色带蓝色三角形斑(典型的南方类型),具强金属光泽,见图 5-13a。头部弯向下方,有较大刻点,前胸背板隆起,密布刻点。鞘翅上的刻点较前胸背板的刻点略大而稀疏。

末龄幼虫体长 9~10 毫米,黄白色,头部淡黄褐色,体粗短呈圆筒形,通常弯曲成"C"形,体多横纹褶皱并密被细毛,胸足 3 对短小。成虫出土后立即觅食,喜食薯苗顶端嫩叶等幼嫩组织,是甘薯苗期重要害虫。特别是在幼苗期,常使薯苗顶端折断,幼苗枯死。见图 5-13b。幼虫则啃食薯块表面,使薯块表面形成较浅的不规则疤痕,影响薯块膨大,且被害薯块不耐贮藏。见图5-13c。成虫将卵产在枯萎的薯藤、豆类根茎或者麦穗下方的茎部。凡是产卵的根茎，均留有黑色小点或小孔。

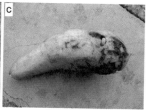

a 甘薯叶甲成虫形态；b 甘薯叶甲对地上部茎危害状；c 甘薯叶甲对薯块的危害状。

图5-13　甘薯叶甲形态及危害状（黄立飞供图）

如前所述，该种害虫发生特点是既以成虫危害甘薯地上部叶片，又以幼虫危害地下部膨大的块根。除危害甘薯外，还可危害蕹菜、牵牛花、小旋花等旋花科植物，各地在其他多种植物上见到，但未见取食。

2.发生规律

甘薯叶甲在福建、浙江、江西、湖南、四川等地区1年发生1代。幼虫期约200天，蛹期10~15天，卵期7~11天。成虫寿命长，雌成虫17~123天，平均62.7天，雄成虫18~94天，平均58.2天。有假死性，飞翔力弱，耐饥性强。以老熟幼虫和成虫在石缝、枯枝落叶处越冬。

在相对湿度50%以下时，幼虫即不能活动，因此在山谷等湿度较高处发生较多。当土温下降到20℃以下时，幼虫离开薯块钻到土层深处造土室越冬。

沙土地虫口多、受害重。因沙土地土质疏松、幼虫入土和成虫出土更容易。在同一种土壤类型中，山谷低地等湿度高的地方危害重，山顶虫口少，危害轻。薯块干率高、质地坚实的品种比水分多的品种的受害轻。此外，春薯等早栽甘薯，成虫首先集中危害，虫口密度高，受害重。

3.综合防治措施

综合防治方面，清洁田园，破坏成虫产卵场所是重要的环节。利用成

虫假死性,早晚振动叶片,收集成虫集中消灭。也可在成虫盛发期,喷施毒死蜱或阿维菌素或甲维盐进行化学防治。

五 蚜虫

蚜虫俗称"腻虫""蜜虫",属于同翅目,包括球蚜总科和蚜总科。其种类很多,全世界已知3 000多种,中国已知约100种。蚜虫是重大农作物害虫,几乎每种植物都会发生蚜害。危害草本植物的蚜虫主要有麦长管蚜、麦二叉蚜、禾谷缢管蚜、玉米蚜、花生蚜、大豆蚜、棉蚜、桃蚜、萝卜蚜、甘蓝蚜。田间诱蚜结果显示,甘薯田诱捕的蚜虫以桃蚜为主,棉蚜次之。

1.形态特征与危害症状

蚜虫体形小,身体柔软,有时披有白色蜡质分泌物。生活史极为复杂,行两性与孤雌生殖。蚜虫一年发生多代,有的高达30代。繁殖力强,有的日产仔量超过自身体重。它们在生物学特性上有很多共同之处,防治措施也基本相近。

本文以桃蚜为例,介绍蚜虫的习性。

本文桃蚜又称烟蚜,食性很广,已知寄主有352种,其主要寄主为桃、李、杏等蔷薇科植物,以及十字花科萝卜、白菜、甘蓝、油菜和茄科茄子、辣椒、烟草、马铃薯等。有翅胎生雌蚜体长1.8~2.1毫米,头、胸部黑色,腹部绿、黄绿、褐赤、褐色,背面有黑斑。腹管细长,圆筒形,黑色,尾片圆锥形。额瘤显著,向内倾斜。无翅胎生雌蚜体长2毫米,体鸭梨形,全体黄、橘黄、赤褐黄等颜色变化很大,有光泽。

2.发生规律

桃蚜发育起点温度15~17 ℃,相对湿度在40%以下和80%以上均对其不利。一年中桃蚜的发生有两个高峰,早春气温低,虫量增长慢,春末夏初蚜量大增,形成第一个高峰;入夏后气温过高,虫量受到抑制,秋季气温下降,蚜虫再度大量繁殖,形成秋季危害高峰。晚秋变冷,又使蚜虫数量下降。

以麦二叉蚜、麦长管蚜、桃蚜、萝卜蚜和棉蚜进行传毒试验,结果表明,桃蚜、萝卜蚜和棉蚜均能传播甘薯羽状斑驳病毒,而麦二叉蚜和麦长管蚜不能传播。

3.综合防治措施

大棚内物理防治上采用银膜避蚜,主要是利用银色飘带避蚜,米黄色粘虫板收集有翅蚜。生长期防治可采用吡虫啉、阿维菌素、啶虫脒、溴氰菊酯等药剂,使用方法依照药剂说明书进行。

六 烟粉虱

烟粉虱属于同翅目粉虱科小粉虱属,又叫甘薯粉虱、棉粉虱,是热带亚热带地区主要害虫之一。烟粉虱是包含 30 个以上隐种的物种复合体,其中危害较广的是烟粉虱 MEAM1 隐种(之前的 B 型烟粉虱)和烟粉虱 MED 隐种(之前的 Q 型烟粉虱)。烟粉虱 1889 年首次报道于希腊,在烟草上被发现。随着全球花卉贸易和其他运输活动,已经传播到 100 多个国家和地区,成为一种非常严重的世界性害虫。在我国 2003 年首次发现于云南昆明。

1.形态特征与危害症状

烟粉虱雌成虫体长 1 毫米左右,雄成虫略小,体黄色,翅白色无斑点,被有白色细小粉状物。见图 5-14a。卵不规则产于叶背面,长梨形有小柄,与叶面垂直,卵柄通过产卵器插入叶表裂缝中,初产时卵为淡黄绿色,孵化前颜色加深至深褐色。若虫体淡绿色至黄色,椭圆形,扁平,稍透明。初孵若虫有足和触角,能爬行,一旦成功取食寄主汁液就固定下来直至羽化。2、3 龄若虫足和触角退化,只有 1 节。3 龄以后化作伪蛹。

烟粉虱食性复杂,其寄主植物可达 74 科 500 余种。烟粉虱的危害是多方面的,除直接刺吸植物外,成虫和若虫还分泌蜜露,诱发煤污病,见图5-14b,严重影响植物光合作用。最重要的是,烟粉虱还能传播超过100种的植物病毒,引起病毒病的发生。

a 烟粉虱成虫喜栖息叶背;b 烟粉虱危害造成的煤污病。

图 5-14　烟粉虱的形态特征及危害状

2.发生规律

烟粉虱 1 年发生 11~15 代,每代 15~40 天,世代重叠严重。卵、老熟若虫和成虫均可越冬。成虫喜无风和温暖天气,有趋黄性和趋嫩性,喜群聚于植株上部叶片取食和产卵。烟粉虱发育适温为 25~30 ℃,高于 40 ℃成虫死亡,相对湿度低于 60%成虫停止产卵或死亡。

3.综合防治措施

在大棚内烟粉虱发生初期,用黏性防虫板诱杀成虫。化学防治上,可采用含有吡虫啉、啶虫脒、烯啶虫胺成分的杀虫剂按照使用说明喷雾防治。

七）甘薯叶螨

1.形态特征与危害症状

叶螨也叫红蜘蛛,甘薯上发生的叶螨有朱砂叶螨、二斑叶螨和截形叶螨 3 种。在分类上属于蛛形纲蜱螨目叶螨科。

螨体长通常在 2 毫米以下, 叶螨科一般雌成螨体长 0.4~0.6 毫米,多为红色或红褐色、部分种类褐色、黄色或绿色。同一个种类,往往雌螨红色,雄螨黄绿色,多数幼螨体色为黄绿色。还有一些螨类在发生季节体色红褐色或紫褐色,越冬期间变成鲜红色。

头胸腹愈合为一节而无体节,绝大多数若螨和成螨具足 4 对。蜱螨多数用一对口针刺入植物的叶、嫩茎等组织吸取汁液,使植物叶片褪绿发黄,焦枯似火烧。危害芽使之畸形。

2.发生规律

本文以朱砂叶螨为例介绍叶螨特性。朱砂叶螨是世界性害螨,也是许多园艺植物的主要害螨,每年发生 12~20 代,在北方主要以橙红色雌螨在土缝和树皮裂缝中越冬,在南方,成螨、若螨和卵均可越冬,春季旬均温达到 7 ℃时雌螨出蛰活动,并取食产卵,卵多产在叶背叶脉两侧,拉丝网。发育最适温度为 25~30 ℃,最适湿度为 35%~55%,高温干燥利于大发生。

3.综合防治措施

综合防治包括田园清洁,灌溉提高田间湿度,并合理施肥提高甘薯抗旱性。化学防治方面可喷施主成分为噻螨酮、四螨嗪、哒螨酮、吡虫啉、吡虫清的杀虫剂,注意要经常轮换使用以免产生抗药性。

八 斜纹夜蛾

1.形态特征与危害症状

斜纹夜蛾属于鳞翅目夜蛾科,是一种常见的多食性害虫,寄主达 99 科 290 种以上。以幼虫取食叶片、花蕾、花及果实。初孵幼虫群集在卵块附近取食,2 龄后分散危害。4 龄后进入暴食期,昼伏夜出,严重时可将全田作物吃光。

成虫体长 14~27 毫米,翅面有较为复杂的褐色斑纹。翅面上有 1 个明显的环状纹和肾状纹,从两纹之间,从内横线前端至外横线后端有 3 条灰白色斜纹。见图 5-15b。幼虫体色多变,从淡绿色到浅褐色都有。从中胸至第 9 腹节,每腹部两侧各有 1 对三角形黑斑,其中腹部第 1、7、8 腹节斑纹最大,近似菱形。见图 5-15a。

a 斜纹夜蛾高龄幼虫形态;b 斜纹夜蛾成虫形态。

图 5-15　斜纹夜蛾形态特征

2.发生规律

对斜纹夜蛾的防治时期比较关键。低龄幼虫大量出现就要进行防治,后期老龄幼虫进入暴食阶段,对甘薯的影响较大,并对杀虫剂抗性增加。斜纹夜蛾的卵产到叶背,卵块上有一些黄色的主色,黄色的鳞毛状覆盖物揭开后里面排着整齐的卵块。

3.综合防治措施

斜纹夜蛾的防治坚持预防为主,综合治理。利用成虫的趋光性,可设置黑光灯诱杀成虫,大规模使用效果更佳。在害虫暴发初期即低龄幼虫高峰期,利用阿维菌素、毒死蜱、高效氯氟氰菊酯等杀虫剂进行喷雾防治。

九 甘薯天蛾

甘薯天蛾属鳞翅目,天蛾科。别名:甘薯叶天蛾、旋花天蛾。分布遍及全世界,在国内发生也很普遍,凡是有甘薯栽植的地区均有可能发生。主要危害甘薯,也取食蕹菜、牵牛花、月光花等旋花科植物和芋芳、葡萄、楸树等。

1.形态特征与危害症状

成虫体长 43~52 毫米,翅展 100~120 毫米,头部暗灰色,胸部背面灰褐色,有两丛鳞毛构成褐色“八”字形。腹部背面中央有 1 条暗灰色宽纵纹,各节两旁顺次有白、粉红、黑横带 3 条。幼虫体长 83~100 毫米,头顶圆。中胸及 1~7 腹节各有 8 小环,侧面皱纹也多。典型特征是第 8 腹节有光滑而末端下垂呈弧形的尾角。见图 5-16。末龄幼虫体色可分为 2 大类,即绿色型和褐色型。绿色型头黄绿色,胸腹部明显为绿色,体色以绿色为主色;褐色型体色为褐色,胸腹部有浅色条纹,但不明显,尾角为黑色。

甘薯天蛾幼虫取食甘薯叶和嫩茎,食量很大,严重时能把甘薯叶吃光,对产量影响甚大。据

图 5-16　甘薯天蛾的形态特征

研究人员在阜阳、临泉测定,8月中下旬被吃光叶片的甘薯减产 27%~30%,9 月下旬被吃光叶片的甘薯减产 37%。

2.发生规律

甘薯天蛾在福建 1 年发生 4~5 代,在山东、河南、安徽 1 年发生 3~4 代,在河北、山西 1 年发生 2~3 代。以蛹在土下 10 厘米深处越冬。成虫昼伏夜出,白天隐藏,黄昏后飞出取食、交配、产卵。幼虫耐高温不耐低温,夏季正常高温对甘薯天蛾无不良影响,高温少雨有利于此害虫的发生。此外,甘薯天蛾卵的寄生蜂有赤眼蜂和黑卵蜂,鸟类也能捕食幼虫,这些天敌对于虫口密度均有抑制作用。

3.综合防治措施

利用成虫的趋光性可设置黑光灯诱杀成虫。低龄幼虫期可采用杀虫药剂如甲维盐、毒死蜱、阿维菌素等喷雾防治。

十 甘薯烦夜蛾

甘薯烦夜蛾属鳞翅目夜蛾科。据朱弘复等(1965)报道,烦夜蛾在国内分布于西南及华东,在福建沿海甘薯产区,此虫近年来发生普遍。烦夜蛾在田间危害甘薯,室内食性试验表明,烦夜蛾亦可取食空心菜、牵牛花等旋花科植物,但对牛筋草、飞燕草、萝卜等多种田间杂草和蔬菜均无食害。

1.形态特征与危害症状

成虫体长 25~27 毫米,翅展 33~35 毫米,喙发达。幼虫共 6 龄,老熟幼虫体长 36~45 毫米,第 8 腹节略向上隆起。体灰色或黄绿色,背线黄色,至第 8 腹节背面中断,而第 8 腹节背面成一灰白色的斑块,其边缘分布有 8 个褐色小斑块;亚背线、气门上线及亚腹线为黄色。见图 5-17。

烦夜蛾以幼虫取食甘薯叶,严重时可将叶片吃光,仅剩下叶脉或茎

图 5-17　甘薯烦夜蛾形态特征

秆,对甘薯的产量和质量影响甚大。低龄幼虫比较活泼,爬动与尺蠖相似,若遇振动能吐丝下垂,并迅速向周围植物爬动,高龄幼虫有假死性。

2.发生规律

福建 1 年发生 5~6 代,湖北地区 1 年发生 4~5 代,以蛹在杂草、秸秆和土块下越冬,幼虫自 5 月上旬至 11 月上旬均有发生,卵多散产。成虫昼伏夜出,有一定趋光性,夜间取食、交配、产卵,单雌产卵量 100 粒左右。

3.综合防治措施

在甘薯长势好、叶色嫩绿、湿度大的田块发生较严重。因此农业防治上应注意不要偏施氮肥,适当排灌水,以减轻危害。在低龄幼虫发生高峰期可采用阿维菌素或毒死蜱或溴氰菊酯药剂在下午 5 时以后喷雾,因此时幼虫在叶面取食,其他时间喷施效果不理想。生物防治方面,烦夜蛾核型多角体病毒制剂也可有效控制虫口基数,且无毒副作用。

十一　甘薯麦蛾

甘薯麦蛾又称甘薯卷叶蛾,属于鳞翅目麦蛾科。除危害甘薯外,甘薯麦蛾还危害蕹菜、月光花和牵牛花等旋花科植物。

1.形态特征与危害症状

以幼虫吐丝卷叶,在卷叶内取食叶肉,仅留下白色表皮,状似薄膜。幼

虫也取食嫩茎和嫩梢,发生严重时大部分薯叶被卷食,叶肉几乎尽失,整片出现"火烧"现象,严重影响甘薯产量。见图5-18c。

成虫灰褐色,头、胸部暗褐色。体长6毫米,翅展约15毫米。前翅狭长,暗褐色,中室内有2褐色小点,内方的圆,外方的较长,其周缘均为灰白色,外缘上有一列黑点。后翅宽,淡灰色,缘毛甚长。见图5-18a。幼虫共有6个龄期,末龄幼虫长15毫米。头稍扁,黑褐色,前胸背板褐色,两侧暗褐色。暗褐色部分呈"倒八字"形纹,背板外白色。中胸至第2腹节背面黑色,第3腹节以后各节底色为乳白色,亚背线黑色。见图5-18b。

a甘薯麦蛾成虫;b甘薯麦蛾幼虫(高龄);c甘薯麦蛾危害状(卷叶似火烧)。

图5-18　甘薯麦蛾形态特征及危害状

2.发生规律

甘薯麦蛾在福建南部1年发生8~9代,浙江、湖北1年发生4~5代,北京1年发生3~4代,田间世代重叠。广东地区以老熟幼虫在冬薯或田间杂草旁越冬,福建、湖北以蛹和成虫越冬,浙江等地以蛹在残株落叶下越冬,湖南、江西等地以成虫在杂草丛中以及屋内阴暗处越冬。

偏高温和低湿是甘薯麦蛾发生严重的重要因子。在气温25~28℃,相对湿度60%~65%时,发育繁殖最为旺盛。每年夏季雨后干旱季节最易成灾。如在甘薯早期发生危害,则对产量影响较大,在中后期发生则影响相对较小。此外,已知双斑青步甲捕食幼虫,长距茧蜂和两种绒茧蜂寄生幼虫体内。蛹常感染一种白僵菌,对甘薯麦蛾的发生有一定的抑制作用。

3.综合防治措施

对甘薯麦蛾的综合防治可以加强田园管理,消灭越冬虫源,重点防治越冬代,同时结合诱杀成虫以降低虫口基数。遇到害虫暴发,可在低龄幼虫期选用阿维菌素、毒死蜱等药剂化学防治。